Sven Müller

Projekt - Auslegung und Konstruktion eines 2-Stufigen Universalgetriebes

GRIN Verlag

Bibliografische Information der Deutschen Nationalbibliothek:

Die Deutsche Bibliothek verzeichnet diese Publikation in der Deutschen National-
bibliografie; detaillierte bibliografische Daten sind im Internet über http://dnb.d-
nb.de/ abrufbar.

Impressum:

Copyright © 2005 GRIN Verlag GmbH
Druck und Bindung: Books on Demand GmbH, Norderstedt Germany
ISBN: 978-3-640-28326-2

Dieses Buch bei GRIN:

http://www.grin.com/de/e-book/122847/projekt-auslegung-und-konstruktion-eines-
2-stufigen-universalgetriebes

HAUSARBEIT

AN
DER PRIVATEN TECHNISCHEN LEHRANSTALT
DR.ROBERT ECKERT
REGENSTAUF

PROJEKT
2-Stufiges-Universalgetriebe

VON
SVEN MÜLLER

DEZEMBER 2005

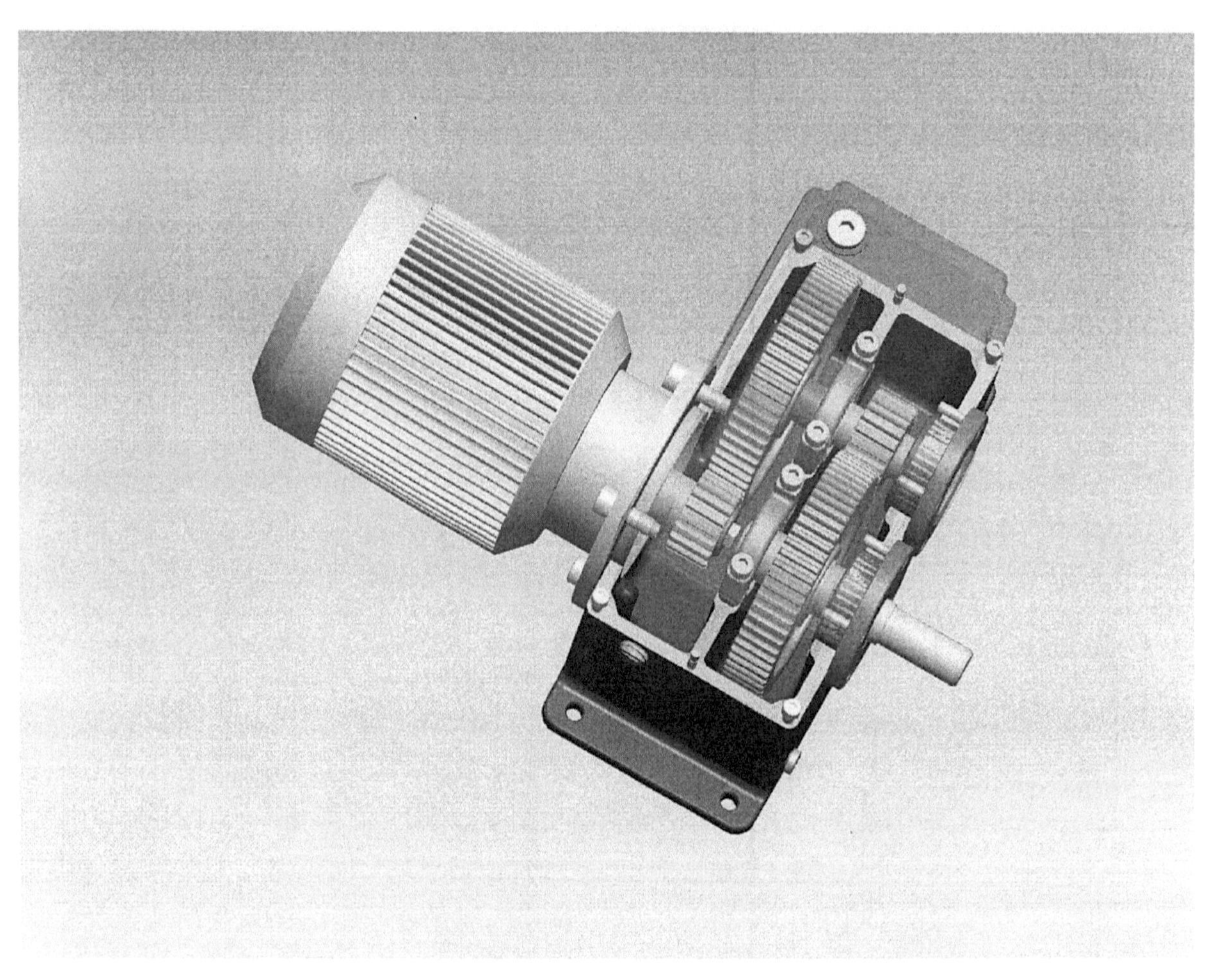

INHALTSVERZEICHNIS

Appendix:

A.I.   Aufgabenstellung

B.I.   Fertigungszeichnungen

1.PFLICHTENHEFT

1.   **Bauelemente**

2-Stufiges Universalgetriebe

2.   **Getriebeanforderungen**

Maximale Getriebebreite außen	318mm
Maximale Getriebehöhe außen	135mm
Wellenabstand	90mm
Übersetzung	$i_1 = 3{,}4$
	$i_2 = 3{,}2$
Lagerung	Rillenkugellager
Schmierung	Tauchschmierung
Öleinfüllschraube	Schraube/Ölschauglas
Stückzahl	groß/Serienfertigung/ GG25
Abtriebsmoment	40 Nm
Abtriebsdrehzahl	$125 \ \text{min}^{-1}$ +/- 1 %
Fa_{max}	1600N
Fr_{zul}	1000N (mittig am Wellenende)
Wellenende	nach DIN 748
Befestigung	Fußbefestigung am Gehäuse vorsehen
Elektromotor	Am Gehäuse angeflanscht

3.   **Motor**

Nenndrehzahl	$1360 \ \text{min}^{-1}$
Nennleistung	0,75Kw

2.Kenngrößen

2.1 Hauptabmessungen

$$n_{an} = n_{Mot} = 1360 \text{ min}^{-1}$$
$$n_{ab} = \quad 125 \text{ min}^{-1}$$

Übersetzungen und Zähnezahlen:

Gesamtübersetzung:

$$i_{ges} = \frac{n_{an}}{n_{ab}} = \frac{1360 \text{ min}^{-1}}{125 \text{ min}^{-1}} = 10,88$$

Damit ergibt sich ein Einzelübersetzungs-Verhältnis.

$$i_1 \cdot i_2 = \sqrt{10,88} = 3,4$$

Gewählt für: Antrieb $i_1 = 3,4$
      Abtrieb $i_2 = 3,2$

2.2 Drehmomente

Bekannte Größen:

$$P = 0,75 \text{ Kw}$$
$$c_B = 1,3$$

(c_B = Betriebsfaktor aus Angabe Kunde)

Nenndrehmoment des Antriebsmotors:

Motor wurde gewählt aus dem Angebot der Firma **ABM Marktretwitz.**
Der Motor weißt folgende aus dem Verkaufsprospekt ermittelte Daten auf.

Motor:
4-polig 1360 min^{-1} $\eta = 0,68$ P = 0,75Kw

$$T_{Nenn} = 9550 \cdot \frac{P}{n} = 9550 \cdot \frac{0,75}{1360} = 5,266 \, Nm \approx 5,3 Nm$$

Des Weiteren wurde folgende Annahmen getroffen:

Lagerwirkungsgrad: $\eta_L = 0,99$ für Wälzlager (Rillenkugellager)
Verzahnungswirkungsgrad: $\eta_v = 0,98$

Drehmoment am Abtrieb:

$$T_{Abtrieb_{cB}} = 1,3 \cdot 40 Nm = 52 Nm$$

3. Vorwahl der Zähnezahlen z_1, z_3 :

$$z_1 = 19 \qquad z_3 = 21 \qquad u = 10,88$$

3.1 Überprüfung des Übersetzungsverhältnis mit den angenommenen Zähnezahlen:

Bei der Verzahnung wird die Geradstirnverzahnung gewählt
Da es zu geringeren axialen Lagerbelastung kommt.

Vorab-Berechnung der Zähnezahlen:

$$i_{vorh} = i_1 \cdot i_2 = \frac{z_2 \cdot z_4}{z_1 \cdot z_3}$$

$$i_1 = \frac{z_2}{z_1} \Rightarrow z_2 = i_1 \cdot z_1 = 3,4 \cdot 19 = 64,6 \;\hat{=}\; 65 \; \textit{Zähne}$$

$$i_2 = \frac{z_4}{z_3} \Rightarrow z_4 = i_2 \cdot z_3 = 3,2 \cdot 21 = 67,2 \;\hat{=}\; 67 \; \textit{Zähne}$$

3.2 Drehzahlen der einzelnen Wellen im Getriebe:

Welle I:	n_1 = 1360 min-1	(Motorwelle; Antrieb)
Welle II:	n_2 = 400 min-1	
Welle III:	n_3 = 125 min-1	(Abtriebswelle)

3.3 Besonderheit der Abtriebsdrehzahl:

n_{Soll} = $\pm$ 1%

n_{Soll} − 1% $\Rightarrow$ 125 min-1 − 1% = 123,75 min-1

n_{Soll} + 1% $\Rightarrow$ 125 min-1 + 1% = 126,25 min-1

$$\Rightarrow n_{vorh.} = 125 \; min^{-1} \Rightarrow \text{im Toleranzbereich} \Rightarrow \textbf{\textit{o.k.}}$$

4. Vordimensionierung der Welle:

Für die Welle wird aufgrund der guten Werkstoffeigenschaften ein 16MnCr5 gewählt:

4.1 Ermittlung des erforderlichen Wellendurchmesser (Welle II)

$$\tau_t = \frac{T}{W_p} \Rightarrow W_{P_{erf}} = \frac{T_{vorh_{W\,III}}}{\tau_{zul}} = \frac{\pi}{16} \cdot d^3$$

$$d_{erf} = \sqrt[3]{\frac{T_{vorh_{Welle\,II}} \cdot 16}{\pi \cdot \tau_{t_{zul}}}} = \sqrt[3]{\frac{23\,Nm \cdot mm^2 \cdot 16}{\pi \cdot 32\,\dfrac{N}{mm^2}}} = 15,411\,mm$$

gewählt 20 mm

4.2 Ermittlung des erforderlichen Wellendurchmesser (Welle III)

$$\tau_t = \frac{T}{W_p} \Rightarrow W_{P_{erf}} = \frac{T_{vorh_{WII}}}{\tau_{zul}} = \frac{\pi}{16} \cdot d^3$$

$$d_{erf} = \sqrt[3]{\frac{T_{vorh_{Welle\,III}} \cdot 16}{\pi \cdot \tau_{t_{zul}}}} = \sqrt[3]{\frac{52\,Nm \cdot mm^2 \cdot 16}{\pi \cdot 32\,\dfrac{N}{mm^2}}} = 20,23\,mm$$

gewählt 25mm

5. Vordimensionierung der Geradverzahnten Stirnräder

Vorwahl des Zahnradwerkstoffes:

Gewählt wird hier ein C45-mit

$$R_m = 580\,\frac{N}{mm^2}$$

$$R_e = 305\,\frac{N}{mm^2}$$

5.1 Überschlägige Ermittlung der Module und Zahnbreiten:

Ritzel Motor:

$$\varnothing d_1 \approx 2 \cdot dw = 2 \cdot 19mm = 38 \approx 40mm$$

$$v = d_1 \cdot \pi \cdot n = \frac{\pi \cdot 40 \cdot 10^{-3} m \cdot 1360\,\text{min}^{-1}}{60s} = 2,848\,\frac{m}{s} \triangleq 2,9\,\frac{m}{s}$$

$$d_1 = m \cdot z \Rightarrow m = \frac{d_1}{z} = \frac{40mm}{19\,Z\ddot{a}hne} = 2,105 \triangleq 2$$

5.2 Genauere Bestimmung von $d_1 - d_4$:

$$d_{1_{Motorritzel}} = \frac{1,8 \cdot d_{Welle,Motor} \cdot z_{1_{Motorritzel}}}{z_{1_{Motorritzel}} - 2,0} = \frac{1,8 \cdot 19mm \cdot 19}{19 - 2,0} = 38,223mm$$

gewählt $\varnothing 40mm$

$$d_{2_{Ritzel_2}} = \frac{1,8 \cdot d_{WelleII} \cdot z_2}{z_2 - 2,0} = \frac{1,8 \cdot 20mm \cdot 65}{65 - 2,0} = 37,142mm \triangleq 37,1mm$$

gewählt $\varnothing 38mm$

$$d_{3_{Ritzel_3}} = \frac{1,8 \cdot d_{WelleII} \cdot z_3}{z_3 - 2,0} = \frac{1,8 \cdot 20mm \cdot 21}{21 - 2,0} = 39,789mm \triangleq 39,8mm$$

gewählt $\varnothing 40mm$

$$d_{4_{Ritzel_4}} = \frac{1,8 \cdot d_{WelleIII} \cdot z_4}{z_4 - 2,0} = \frac{1,8 \cdot 25mm \cdot 67}{67 - 2,0} = 46,384mm \triangleq 46,4mm$$

gewählt $\varnothing 48mm$

<u>**5.3 Ermittlung des erforderlichen Moduls auf Grund der Biegung von z_1 und z_2,Wellel:**</u>

Geradverzahntes Stirnrad aus C45E:

$$Z_1 = 19 \text{Zähne}$$
$$u = i = 3,4$$

$$m_{erf} \approx \sqrt[3]{\frac{4 \cdot T_1 \cdot \cos^2 \beta}{\sigma_{bl_{zul}} \cdot z_1^2 \cdot \left(\frac{b}{d_1}\right)}} = \sqrt[3]{\frac{4 \cdot 6,9 \cdot 10^3 \, Nmm}{238,5 \, \frac{N}{mm^2} \cdot 19^2 \cdot 0,5}} \approx 0,86 \, mm \approx 1,0 mm$$

$$\beta = 0 \quad \Rightarrow \; geradverzahntes \; Stirnrad$$
$$z_1 = 19$$
$$\frac{b_1}{d_1} = 0,5$$

$$\sigma_{bl_{zul}} = \frac{\sigma_{F \lim}}{1,3} \qquad \sigma_{F \lim} \approx 310....500 \, \frac{N}{mm^2}$$

$$\sigma_{bl_{zul}} = \frac{310 \, \frac{N}{mm^2}}{1,3} = 238,461 \, \frac{N}{mm^2} \sim 238,5 \, \frac{N}{mm^2}$$

<u>**5.4 Ermittlung des erforderlichen Moduls auf Grund der Flankenpressung des Ritzel z_1,Motor und z_2,Wellel:**</u>

$$m_{erf} \approx \frac{10}{z_1} \sqrt[3]{\frac{y_G \cdot T_1}{\left(\frac{b_1}{d_1}\right) \cdot p_{zul}^2} \cdot \frac{u+1}{u}}$$

$$m_{erf} \approx \frac{10}{19} \sqrt[3]{\frac{400 \, \frac{N}{mm^2} \cdot 6,9 \cdot 10^3 \, Nmm}{0,5 \cdot \left(1000 \, \frac{N}{mm^2}\right)^2} \cdot \frac{3,4+1}{3,4}} \approx 1,01 mm \approx 1,0 mm$$

$$i_1 = u_1 = 3,2$$
$$p_{zul} \approx \frac{\sigma_{H \lim}}{1,5} \qquad \sigma_{H \lim} = 1300...1500 \, \frac{N}{mm^2}$$

$$p_{zul} \approx \frac{1500 \, \frac{N}{mm^2}}{1,5} = 1000 \, \frac{N}{mm^2}$$

$$y_G = 400 \, \frac{N}{mm^2} \quad für \, {}^{Stahl}\!/\!_{Stahl}$$

5.5 Ermittlung des erforderlichen Moduls auf Grund der Biegung von z_3,WelleII und z_4,WelleIII:

Geradverzahntes Stirnrad aus C45E:

$$Z_1 = 21 \, Z\ddot{a}hne$$
$$u = i = 3,2$$

$$m_{erf} \approx \sqrt[3]{\frac{4 \cdot T_1 \cdot \cos^2 \beta}{\sigma_{bl_{zul}} \cdot z_1^2 \cdot \left(\dfrac{b}{d_1}\right)}} = \sqrt[3]{\frac{4 \cdot 52 \cdot 10^3 \, Nmm}{238,5 \, \dfrac{N}{mm^2} \cdot 21^2 \cdot 0,5}} \approx 1,581 mm \sim 1,6 mm$$

$$\beta = 0 \quad \Rightarrow \; geradverzahntes \; Stirnrad$$
$$Z_3 = 21$$
$$\frac{b_1}{d_1} = 0,5$$

$$\sigma_{bl_{zul}} = \frac{\sigma_{F\lim}}{1,3} \qquad \sigma_{F\lim} \approx 310....500 \, \frac{N}{mm^2}$$

$$\sigma_{bl_{zul}} = \frac{310 \, \dfrac{N}{mm^2}}{1,3} = 238,461 \, \frac{N}{mm^2} \sim 238,5 \, \frac{N}{mm^2}$$

5.6 Ermittlung des erforderlichen Moduls auf Grund der Flankenpressung von z_3,WelleII und z_4,WelleIII:

$$m_{erf} \approx \frac{10}{z_1} \sqrt[3]{\frac{y_G \cdot T_1}{\left(\dfrac{b_1}{d_1}\right) \cdot p_{zul}^2} \cdot \frac{u+1}{u}}$$

$$m_{erf} \approx \frac{10}{21} \sqrt[3]{\frac{400 \, \dfrac{N}{mm^2} \cdot 52 \cdot 10^3 \, Nmm}{0,5 \cdot \left(1000 \, \dfrac{N}{mm^2}\right)^2} \cdot \frac{3,2+1}{3,2}} \approx 1.806 mm \approx 1,8 mm$$

$$i_1 = u_1 = 3,5$$
$$p_{zul} \approx \frac{\sigma_{H\lim}}{1,5} \qquad \sigma_{H\lim} = 1300...1500 \, \frac{N}{mm^2}$$

$$p_{zul} \approx \frac{1500 \, \dfrac{N}{mm^2}}{1,5} = 1000 \, \frac{N}{mm^2}$$

$$y_G = 400 \, \frac{N}{mm^2} \quad f\ddot{u}r \; Stahl/Stahl$$

5.7 Modulbestimmung

Zahnradpaar	z_1, z_2	z_3, z_4
erf. Modul aufgrund der Biegung	1,0	1,6
erf. Modul aufgrund der Flankenpressung	1,0	1,8
Gewählter Modul	2,0	2,0

Aus Fertigungstechnischen Gründen wird der Modul 2 für alle Stirnräder im Getriebe verwendet.

5.8 Ermittlung der Zahnbreite :

$$\psi_d = \frac{b_d}{d_1} \Rightarrow b_d = \psi_d \cdot d_1 = 0,5 \cdot 40mm = 20mm$$

$$\psi_m = 15 \Rightarrow b_m = 30mm$$

$$b = \frac{b_d + b_m}{2} = \frac{20mm + 30mm}{2} = 25mm$$

$$b = \psi \cdot m$$

$$gewählt\ b = 25mm$$

Auf Grund der Baugröße und der auftretenden Kräfte wird für beide Übersetzungsverhältnisse die oben Ermittelte Zahnbreite verwendet.

5.9 Vorbestimmung des Lagerabstandes der Welle II:

Lagerabstand > 25mm + 25mm = 50mm

6. Ermittlung der Stirnradabmessungen:

6.1 Ermittlung der Teilkreisdurchmesser:

$$d = m \cdot z$$

$$d_1 = 2 \cdot 19 = \quad 38\text{mm}$$
$$d_2 = 2 \cdot 67 = 134\text{mm}$$
$$d_3 = 2 \cdot 21 = \quad 42\text{mm}$$
$$d_4 = 2 \cdot 65 = 130\text{mm}$$

6.2 Ermittlung der Kopfkreisdurchmesser für die Zahnräder z1,z2,z3,z4:

$$d_a = d + 2 \cdot h_a = m(z+2)$$

$$d_{a1} = 2(19+2)\text{mm} = \quad 42\text{mm}$$
$$d_{a2} = 2(67+2)\text{mm} = 138\text{mm}$$
$$d_{a3} = 2(21+2)\text{mm} = \quad 46\text{mm}$$
$$d_{a4} = 2(65+2)\text{mm} = 134\text{mm}$$

6.3. Ermittlung der Grundkreisdurchmesser für die Zahnräder z1,z2,z3,z4:

$$d_b = d \cdot \cos\alpha = z \cdot m \cdot \cos\alpha$$

$$d_{b1} = 19 \cdot 2 \cdot \cos 20° = \quad 35{,}708 \approx \quad 35{,}7\text{mm}$$
$$d_{b2} = 65 \cdot 2 \cdot \cos 20° = 122{,}160 \approx 122{,}2\text{mm}$$
$$d_{b3} = 21 \cdot 3 \cdot \cos 20° = \quad 39{,}467 \approx \quad 39{,}5\text{mm}$$
$$d_{b4} = 67 \cdot 3 \cdot \cos 20° = 125{,}918 \approx 125{,}9\text{mm}$$

6.4 Ermittlung des Achsabstand:

$$a_d = \frac{d_1 + d_2}{2}$$

$$a_{1.2} = \frac{42mm + 138mm}{2} = 90mm$$

$$a_{3.4} = \frac{46mm + 134mm}{2} = 90mm$$

6.5 Vorbestimmung der Umfangsgeschwindigkeiten an dem Zahnrädern:

$$v_1 = \frac{d_{1Ritzel_{Welle II}} \cdot \pi \cdot n}{60s \cdot 1000m} = \frac{138mm \cdot \pi \cdot 400 \, \frac{1}{min}}{60s \cdot 1000m} = 2,89 \, \frac{m}{s} \approx 3 \, \frac{m}{s}$$

$$v_2 = \frac{d_2 \cdot \pi \cdot n_{Welle II}}{60s \cdot 1000m} = \frac{134mm \cdot \pi \cdot 125 \, \frac{1}{min}}{60s \cdot 1000m} = 0,877 \, \frac{m}{s} \approx 1,0 \, \frac{m}{s}$$

6.6 Ermittlung des Überdeckungsgrades:

$$\varepsilon_{\alpha_{1/2}} = \frac{0,5 \left(\sqrt{d_{a1}^2 - d_{b1}^2} + \sqrt{d_{a2}^2 - d_{b2}^2} \right) - a_d \cdot \sin \alpha}{\pi \cdot m \cdot \cos \alpha}$$

$$\varepsilon_{\alpha_{1/2}} = \frac{0,5 \left(\sqrt{(42mm)^2 - (36mm)^2} + \sqrt{(138mm)^2 - (123mm)^2} \right) - 90mm \cdot \sin 20^o}{\pi \cdot 2 \cdot \cos 20^o} = 1,917$$

$$\Rightarrow \varepsilon_{\alpha_{1/2}} = 1,917 \, \hat{=} \, 1,92 \leq 1,98 \Rightarrow o.k.$$

$$\varepsilon_{\alpha_{3/4}} = \frac{0,5 \left(\sqrt{(46mm)^2 - (39,5mm)^2} + \sqrt{(135mm)^2 - (125mm)^2} \right) - 90mm \cdot \sin 20^o}{\pi \cdot 2 \cdot \cos 20^o} = 1,170$$

$$\Rightarrow \varepsilon_{\alpha_{3/4}} = 1,17 \leq 1,98 \Rightarrow o.k.$$

6.7 Ermittlung der Umfangskräfte am Zahnradpaar:

Umfangskraft:

$$F_{u4} = \frac{T_4 \cdot 2}{d_4} = \frac{52 \cdot 10^3 \, Nm \cdot 2}{42mm} = 2476N$$

$$F_{u2} = \frac{T_2 \cdot 2}{d_2} = \frac{17 \cdot 10^3 \, Nm \cdot 2}{38mm} = 895N$$

Radialkraft:

$$F_{r_4} = F_{u4} \cdot \tan \alpha = 2476N \cdot \tan 20^o = 901N$$

$$F_{r3} = F_{u4} \cdot \tan \alpha = 895N \cdot \tan 20^o = 326N$$

7. Ermittlung der Auflagerkräfte bei den Wellen II und III:

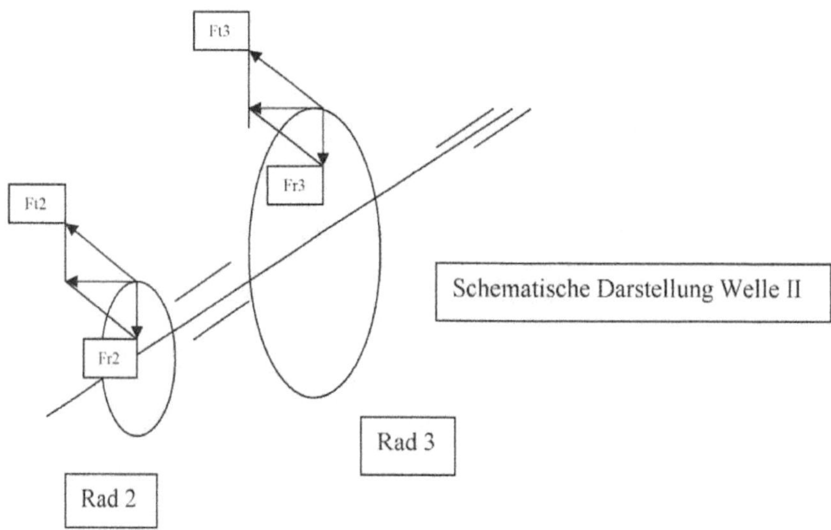

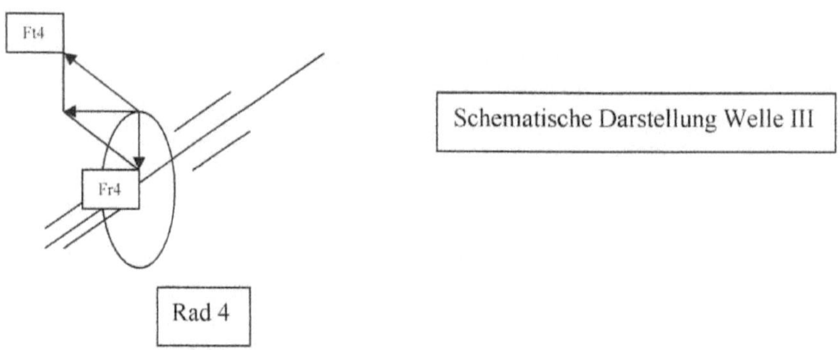

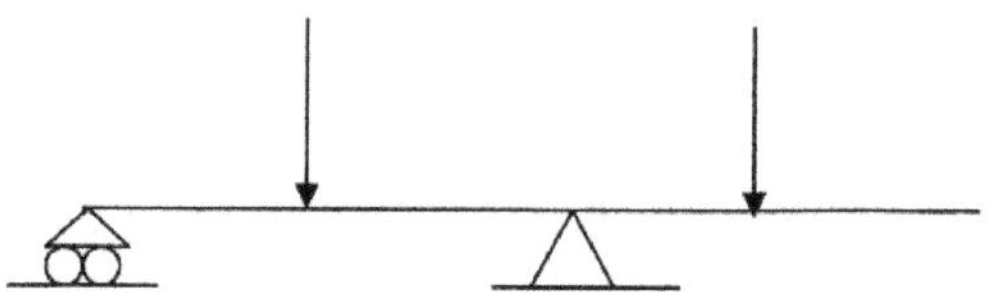

$$\Sigma_{M_A} = 0$$

$$0 = F_{t1} \cdot 31,75\,mm + F_{Bx} \cdot 63,5\,mm + F_{t3} \cdot 94,5\,mm$$

$$F_{B_x} = \frac{-363\,N \cdot 31,75\,mm + 291\,N \cdot 94,5\,mm}{63.5\,mm}$$

$$F_{B_x} = -252\,N$$

$$\Sigma_{Fx} = 0$$

$$0 = F_{Ax} - F_{t1} + F_{Bx} + F_{t3}$$

$$F_{A_x} = 324\,N$$

7.2. Y-Y Ebene Welle II

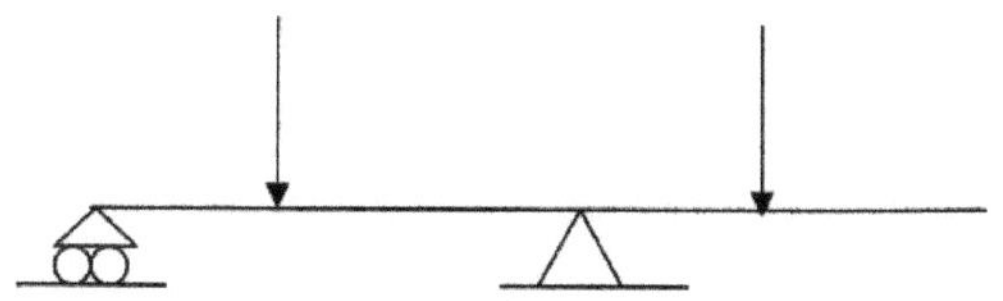

$$\Sigma_{M_{Ay}} = 0$$

$$0 = -F_{r1} \cdot 31,75\,mm + F_{By} \cdot 63,5\,mm - F_{r4} \cdot 94,5\,mm$$

$$F_{B_y} = \frac{-F_{r1} \cdot 31,75\,mm - F_{r4} \cdot 94,5\,mm}{63,5\,mm}$$

$$F_{B_y} = 269\,N$$

$$\Sigma_{F_Y} = 0$$

$$0 = F_{AY} - F_{r_1} + F_{BY} - F_{r4}$$

$$F_{A_Y} = 154\,N$$

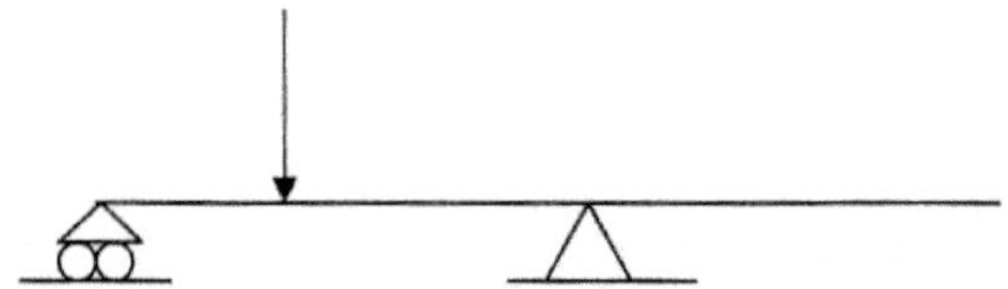

$$F_{Ax} = F_{Bx} = 310\,N$$

7.4. Y-Y Ebene Welle III (Abtrieb)

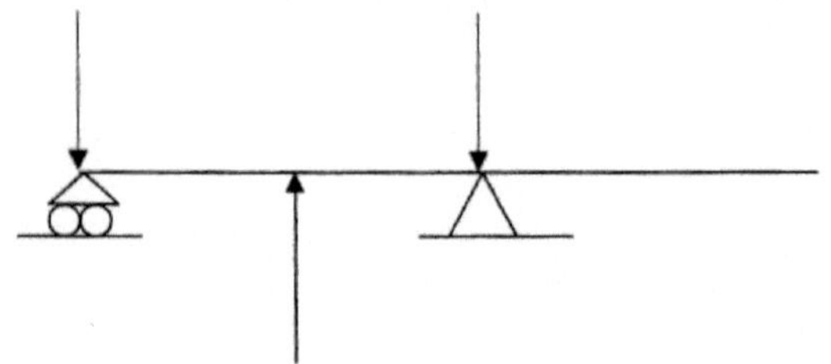

$$\Sigma_{M_A} = 0$$

$$0 = F_{r3} \cdot 31,75\,mm - F_{B_y} \cdot 79,5\,mm - F_{r_{Wellenende}} \cdot 118,5\,mm$$

$$F_{B_y} = \frac{F_{r3} \cdot 31,75\,mm - F_{r_{Wellenende}} \cdot 118,5\,mm}{79,5\,mm}$$

$$F_{B_y} = -1401\,N$$

$$\Sigma_{F_Y} = 0$$

$$0 = F_{r3} - F_{B_Y} - F_{r_{Wellenende}}$$

$$F_{A_Y} = -2176\,N$$

7.5. Zwischenwelle (WelleII)

$$F_A = \sqrt{\left(F_{A_x}\right)^2 + \left(F_{A_y}\right)^2} = 359N$$

$$F_B = \sqrt{\left(F_{B_x}\right)^2 + \left(F_{B_y}\right)^2} = 369N$$

$$M_{b_{max}} = F_r \cdot 31mm = 9021Nmm$$

7.6. Abtriebswelle (WelleIII)

$$F_A = \sqrt{\left(F_{A_x}\right)^2 + \left(F_{A_y}\right)^2} = 2198N$$

$$F_B = \sqrt{\left(F_{B_x}\right)^2 + \left(F_{B_y}\right)^2} = 1435N$$

$$M_{b_{max}} = F_r \cdot 31mm = 31000Nmm$$

8. Ermittlung der zulässigen Vergleichsspannungen der Wellen II und III:

$$\alpha_{kb} = 4 \qquad \qquad \textit{aus KO Formelsammlung}$$

$$\rho = 0,25 \qquad \qquad \textit{aus KO Formelsammlung}$$

$$\chi_{WelleII} = \frac{2}{d} + \frac{2}{\rho} = \frac{2}{20mm} + \frac{2}{0,25} = 8,1$$

$$\chi_{WelleIII_{\varnothing 30mm}} = \frac{2}{d} + \frac{2}{\rho} = \frac{2}{30mm} + \frac{2}{0,25} = 8,07$$

$$\chi_{WelleIII_{\varnothing 22mm}} = \frac{2}{d} + \frac{2}{\rho} = \frac{2}{22mm} + \frac{2}{0,25} = 8,09$$

$$\beta_{kb_{WelleII}} = \frac{\alpha_{kb}}{\delta_w} = \frac{4}{1,37} = 2,92$$

$$\beta_{kb_{WelleIII_{\varnothing 30mm}}} = \frac{\alpha_{kb}}{\delta_w} = \frac{4}{1,36} = 2,94$$

$$\beta_{kb_{WelleIII_{\varnothing 22mm}}} = \frac{\alpha_{kb}}{\delta_w} = \frac{4}{1,35} = 2,96$$

9. Ermittlung der Gestaltfestigkeit der Wellen II und III.

9.1. Welle II Zwischenwelle:

$$\sigma_{b_{WelleII}} = \frac{M_{b_{WelleII}}}{W_{b_{WelleII}}} = \frac{9021\,Nmm}{0,012\bullet\left(D_{WelleII}+d_{WelleII}\right)^3} = \frac{9021\,Nmm}{0,012\bullet\left(20mm+16,5mm\right)^3} = 16\,\frac{N}{mm^2}$$

$$\sigma_{z/d_{WelleII}} = \frac{F_{t_1}}{S_{gef_{WelleII}}} = \frac{291\,N}{293,2\,mm^2} = 1\,\frac{N}{mm^2}$$

$$\tau_{t_{WelleII}} = \frac{T_{WelleII}}{W_{tWelleII}} = \frac{13\bullet10^3\,Nmm}{0,2\bullet\left(20mm\right)^3} = 8,13\,\frac{N}{mm^2}$$

$$\sigma_{O_{WelleII}} = \sigma_{z/d_{WelleII}} + \sigma_{b_{WelleII}} = 17\,\frac{N}{mm^2}$$

$$R_{WelleII} = \frac{\sigma_{m_{WelleII}}}{\sigma_{O_{WelleII}}} = 0 \Rightarrow R=0$$

$$\sigma_{vo_{WelleII}} = \sqrt{\sigma_{O_{WelleII}}{}^2 + 3\left(\alpha_0\bullet\tau_{t_{WelleII}}\right)^2} = 22,1\,\frac{N}{mm^2} \qquad \alpha_0 = 1$$

$$\sigma_{va_{WelleII}} = \left(1-R\right)\bullet\sigma_{vo_{WelleII}} = 22,1\,\frac{N}{mm^2}$$

$$\beta_{kb_{WelleII}} = \frac{\alpha_{kb_{WelleII}}}{\delta_{W_{WelleII}}} = \frac{4}{2,92} = 1,36$$

$$\sigma_{AG_{WelleII}} = \frac{b_{0_{WelleII}}}{\beta_{kb_{WelleII}}}\bullet\sigma_{w_{WelleII}} = \frac{0,94}{1,36}\bullet300\,\frac{N}{mm^2} = 207,4\,\frac{N}{mm^2}$$

$$S_{D_{WelleII}} = \frac{\sigma_{AG_{WelleII}}}{\sigma_{va_{WelleII}}} = \frac{207,4\,\dfrac{N}{mm^2}}{22,1\,\dfrac{N}{mm^2}} = 9,38$$

9.2. Welle III Abtriebswelle

$$\sigma_{b_{WelleIII\oslash 30mm}} = \frac{M_{b_{WelleIII\oslash 30mm}}}{W_{b_{WelleIII\oslash 30mm}}} = \frac{7144\,Nmm}{0,012\bullet\left(D_{WelleIII\oslash 30mm} + d_{WelleIII\oslash 30mm}\right)^3} = \frac{7144\,Nmm}{0,012\bullet\left(30mm+25mm\right)^3} = 4\,\frac{N}{mm^2}$$

$$\sigma_{z/d_{WelleIII\oslash 30mm}} = \frac{F_{t3}}{S_{ges_{WelleIII\oslash 30mm}}} = \frac{619\,N}{656,9\,mm^2} \approx 1\,\frac{N}{mm^2}$$

$$\tau_{t_{WelleIII}} = \frac{T_{WelleIII\oslash 30mm}}{W_{tWelleIII\oslash 30mm}} = \frac{52\bullet 10^3\,Nmm}{0,2\bullet\left(20mm\right)^3} = 9,63\,\frac{N}{mm^2}$$

$$\sigma_{O_{WelleIII\oslash 30mm}} = \sigma_{z/d_{WelleIII\oslash 30mm}} + \sigma_{b_{WelleIII\oslash 30mm}} = 5\,\frac{N}{mm^2}$$

$$R_{WelleII} = \frac{\sigma_{m_{WelleIII\oslash 30mm}}}{\sigma_{O_{WelleIII\oslash 30mm}}} = 0 \Rightarrow R=0$$

$$\sigma_{vo_{WelleIII\oslash 30mm}} = \sqrt{\sigma_{O_{WelleIII\oslash 30mm}}^{\;2} + 3\left(\alpha_0\bullet\tau_{t_{WelleIII\oslash 30mm}}\right)^2} = 17,41\,\frac{N}{mm^2} \qquad \alpha_0 = 1$$

$$\sigma_{va_{WelleIII\oslash 30mm}} = (1-R)\bullet\sigma_{vo_{WelleIII\oslash 30mm}} = 17,41\,\frac{N}{mm^2}$$

$$\beta_{kb_{WelleIII\oslash 30mm}} = \frac{\alpha_{kb_{WelleIII\oslash 30mm}}}{\delta_{W_{WelleIII\oslash 30mm}}} = \frac{4}{2,94} = 1,36$$

$$\sigma_{AG_{WelleIII\oslash 30mm}} = \frac{b_{0_{WelleIII\oslash 30mm}}}{\beta_{kb_{WelleIII\oslash 30mm}}}\bullet\sigma_{w_{WelleIII\oslash 30mm}} = \frac{0,93}{1,36}\bullet 300\,\frac{N}{mm^2} = 205\,\frac{N}{mm^2}$$

$$S_{D_{WelleIII\oslash 30mm}} = \frac{\sigma_{AG_{WelleIII\oslash 30mm}}}{\sigma_{va_{WelleIII\oslash 30mm}}} = \frac{205\,\dfrac{N}{mm^2}}{17,41\,\dfrac{N}{mm^2}} = 11,77 \Rightarrow S_D > 2 \quad o.k.$$

9.3. Welle III Abtriebswelle

$$\sigma_{b_{WelleIII\,\varnothing 22\,mm}} = \frac{M_{b_{WelleIII\,\varnothing 22\,mm}}}{W_{b_{WelleIII\,\varnothing 22\,mm}}} = \frac{39000\,Nmm}{0,012\cdot\left(D_{WelleIII\,\varnothing 22\,mm} + d_{WelleIII\,\varnothing 22\,mm}\right)^3} = \frac{39000\,Nmm}{0,012\cdot\left(22mm+17mm\right)^3} = 54\,\frac{N}{mm^2} < \sigma_{b_{zul}}$$

$$\sigma_{z/d_{WelleIII\,\varnothing 22\,mm}} = \frac{F_{rzul}}{S_{gef_{WelleIII\,\varnothing 22\,mm}}} = \frac{1000\,N}{348mm^2} \approx 2,9\,\frac{N}{mm^2}$$

$$\tau_{t_{WelleIII\,\varnothing 22\,mm}} = \frac{T_{WelleIII\,\varnothing 22\,mm}}{W_{t_{WelleIII\,\varnothing 22\,mm}}} = \frac{52\cdot 10^3\,Nmm}{0,2\cdot\left(22mm\right)^3} = 24,42\,\frac{N}{mm^2} < \tau_{zul}$$

$$\sigma_{O_{WelleIII\,\varnothing 22\,mm}} = \sigma_{z/d_{WelleIII\,\varnothing 22\,mm}} + \sigma_{b_{WelleIII}l_{\varnothing 22\,mm}} = 57\,\frac{N}{mm^2}$$

$$R_{WelleIII\,\varnothing 22\,mm} = \frac{\sigma_{m_{WelleIII\,\varnothing 22\,mm}}}{\sigma_{O_{WelleIII\,\varnothing 22\,mm}}} = 0 \Rightarrow R=0$$

$$\sigma_{vo_{WelleIII\,\varnothing 22\,mm}} = \sqrt{\sigma_{O_{WelleIII\,\varnothing 22\,mm}}^{\,2} + 3\left(\alpha_0\cdot\tau_{t_{WelleIII\,\varnothing 22\,mm}}\right)^2} = 71\,\frac{N}{mm^2} \qquad \alpha_0 = 1$$

$$\sigma_{va_{WelleIII\,\varnothing 22\,mm}} = (1-R)\cdot\sigma_{vo_{WelleIII\,\varnothing 22\,mm}} = 71\,\frac{N}{mm^2}$$

$$\beta_{kb_{WelleIII\,\varnothing 22\,mm}} = \frac{\alpha_{kb_{WelleIII\,\varnothing 22\,mm}}}{\delta_{W_{WelleIII\,\varnothing 22\,mm}}} = \frac{4}{2,96} = 1,35$$

$$\sigma_{AG_{WelleIII\,\varnothing 22\,mm}} = \frac{b_{0_{WelleIII\,\varnothing 22\,mm}}}{\beta_{kb_{WelleIII\,\varnothing 22\,mm}}}\cdot\sigma_{W_{WelleIII\,\varnothing 22\,mm}} = \frac{0,93}{1,35}\cdot 300\,\frac{N}{mm^2} = 207\,\frac{N}{mm^2}$$

$$S_{D_{WelleIII\,\varnothing 22\,mm}} = \frac{\sigma_{AG_{WelleIII\,\varnothing 30\,mm}}}{\sigma_{va_{WelleIII\,\varnothing 30\,mm}}} = \frac{207\,\dfrac{N}{mm^2}}{71\,\dfrac{N}{mm^2}} = 2,92 \Rightarrow S_D > 2 \;\; o.k.$$

10.Welle Nabenverbindungen

10.1. Passfederverbindungen Motor zu Ritzel z1:

Paßfedernut in der Motorwelle wird nach Absprache Kunde vom Motorhersteller angefertigt:

10.2. Passfederverbindungen auf Welle II mit den Ritzeln z2,z3:

Bekannte Werte:

Wellendurchmesser 20 mm
Werkstoff 16MnCr5

$$F_{u_{1/2}} = \frac{M_{1/2} \cdot 2}{d_{1/2}} = \frac{13 \cdot 10^3 \, Nmm \cdot 2}{20mm} = 1300 \, N$$

$$p_2 = \frac{M_{1/2} \cdot 2}{d_{1/2} \cdot (h - t_1) \cdot l_t \cdot i \cdot k}$$

$$l_t = \frac{M_{1/2} \cdot 2}{d_{1/2} \cdot (h - t_1) \cdot p_{2_{zul}} \cdot i \cdot k} \qquad\qquad p_{zul} = 0,8 \cdot p_0 = 0,8 \cdot 200 \frac{N}{mm^2} = 160 \frac{N}{mm^2}$$

$$l_t = \frac{13 \cdot 10^3 \, Nmm \cdot 2}{20mm \cdot (6mm - 3,5mm) \cdot 160 \frac{N}{mm^2} \cdot 1 \cdot 1} = 3,25mm$$

gewählt 20mm da das Zahnrad 25 mm breit ist.
Welle gehärtet. 58 +/- 3 HRC

Bekannte Werte:

Wellendurchmesser 25 mm
Werkstoff 16MnCr5

$$F_{u_{3/4}} = \frac{M_{3/4} \cdot 2}{d_3} = \frac{52 \cdot 10^3 \, Nmm \cdot 2}{25mm} = 4160 \, N$$

$$p_4 = \frac{M_{3/4} \cdot 2}{d_{1/2} \cdot (h - t_1) \cdot l_t \cdot i \cdot k}$$

$$l_t = \frac{M_{3/4} \cdot 2}{d_{1/2} \cdot (h - t_1) \cdot p_{4_{zul}} \cdot i \cdot k} \qquad\qquad p_{zul} = 0,8 \cdot p_0 = 0,8 \cdot 200 \frac{N}{mm^2} = 160 \frac{N}{mm^2}$$

$$l_t = \frac{52 \cdot 10^3 \, Nmm \cdot 2}{25mm \cdot (7mm - 4mm) \cdot 160 \frac{N}{mm^2} \cdot 1 \cdot 1} = 12,16mm$$

gewählt 20mm da das Zahnrad 25 mm breit ist.

11. Ermittlung der Kugellagergrößen:

11.1. Ermittlung der Werte für das Kegelrollenlager:

Aufgrund der vorhandenen Axialkraft von F_a = 1600N (Abtriebswelle; Welle III) wird folgendes Kegelrollenlager gewählt:

$$\frac{F_a}{F_r} \geq \frac{1}{2 \cdot y_o} \Rightarrow \frac{1600N}{404N} \geq \frac{1}{2 \cdot 0,88}$$

$$\Rightarrow P_0 = 0,5 \cdot F_r + y_o \cdot F_a = 0,5 \cdot 404N + 0,88 \cdot 1600N = 1610N$$

$$f_s = \frac{C_0}{P_0} = \frac{29KN}{1,61KN} = 18,01 \Rightarrow f_s \gg 2,5 \Rightarrow i.o.$$

gewählt Kegelrollenlager FAG 32004 X

11.2. Lagerberechnung der Rillenkugellager:

L_h = 15000 h $\qquad\qquad\qquad\qquad$ ME Formelsammlung Seite 21

$$L = L_h \cdot n_{Motor} \cdot 60 = 15000h \cdot 1360 \frac{1}{min} \cdot 60 \frac{1}{s} = 1,224 \cdot 10^9 U$$

$$C_{erf} = \sqrt[3]{\left(\frac{L}{10^6}\right)} \cdot F_A = \sqrt[3]{\left(\frac{1,224 \cdot 10^9 U}{10^6}\right)} \cdot 2198N$$

$$C_{erf} = 11KN < 26,5KN \Rightarrow Lager\ o.k.$$

Folgende Annahme wird für die Berechnung der Lagerluft Zugrunde gelegt:

1. Umfangslast für den Innenring
2. Kugellager 6005
3. bis 40mm (Welle II und III) FAG Wälzlagerkatalog
4. normale Belastung   Toleranz: k6
5. Punktlast für den Außenring   Toleranz: H7

$$S_{M_{erf}} = \sqrt{d} \cdot 10^{-3} = 25\mu m$$

$$S_m = S_{M_{erf}} + \left(S_i \cdot t_i + S_a \cdot t_a \right)$$

$$t_i = 0,8$$

$$t_a = 0,7$$

$$d = 20mm$$

$$D = 52mm$$

$$C_{erf} = \sqrt[3]{L \cdot P} = \sqrt[3]{L \cdot P} = \sqrt[3]{360 \cdot 0,901 KN} = 6,4 KN$$

$$L_h = \frac{L}{n \cdot 60} \Rightarrow L_h \cdot n \cdot 60 = L \Rightarrow 15000h \cdot 400 \frac{1}{min} \cdot 60 \frac{1}{s} = 360 \cdot 10^6 U$$

$$f = \frac{C_0}{P_0} = \frac{6,55 KN}{0,901 KN} = 7,3 > 2,5 \, ist \, o.k.$$

gewählt 6304.C3 mit $C_0 = 7,8 KN$

Da Umdrehungsgeschwindigkeit $<10\frac{m}{s}$ nur statische Bedrachtung der Lager.

$$P_0 = F_{r_{max}} = 901N$$

$$\frac{C_{erf}}{C_{vor}} = \frac{6,4 KN}{7,8 KN} = 0,82 \, hohe \, Belastung$$

$$S_m = S_{M_{erf}} + \left(S_i \cdot t_i + S_a \cdot t_a \right) = 25\mu m + (17\mu m \cdot 0,8) = 13,6\mu m$$

Umfangslast für den Innenring :

bis 100mm normale bis hohe Belastungen :

k6 Welle

Punktlast Außenring :

H7 Bohrung

Luftgruppenbestimmung :

$$C3 = \frac{13\mu m + 28\mu m}{2} = 20\mu m > 13,6\mu m \, ist \, i.o.$$

Da die oben eingesetzte Kraft von 2198N die höchste auftretende Radialkraft in der Getriebekonstruktion darstellt, ist davon auszugehen, dass auch die anderen Lager die auftretenden Kräfte aushalten.
Die auftretende Axialkraft von 1600N wird durch das o.g. Kegelrollenlager kompensiert, es treten keine weiteren Axialkräfte in der Konstruktion auf.

12. Ermittlung der Abmessungen des Gussgehäuses und den Lagerdeckel :

Das Gehäuse wurde nach Absprache mit dem Kunden so ausgeführt, dass alle Abmessungen optimal die Bedürfnisse für den späteren Einbau berücksichtigen.
Die Wandstärke von 8mm wurde in Absprache mit dem Kunden und unter Berücksichtigung aller relevanten Festigkeitswerte ausgelegt.

13. Festlegung der Dichtungen:

Der Deckel wird mit Dichtungsmaße der Fa. LOCTITE vor dem verschrauben mit dem Getriebeunterteil versehen.

Alle Lagerflanschdeckel werden mit Radialwellendichtringen von der Fa. SIMMER versehen.

14. Festlegung des Schmiermittels:

$$k_s = \frac{3 \cdot F_t}{b \cdot d} \cdot \frac{u+1}{u} = \frac{3 \cdot 2476 N}{25mm \cdot 42mm} \cdot \frac{3,2+1}{3,2} = 9,285 \frac{MPa \cdot s}{m}$$

Als Schmierung wird eine Öl – Tauchschmierung vorgesehen da $(v < 4 \frac{m}{s})$

Aus Tabelle Lehrbrief Konstruktion $(TB.4.8)$

$$9,285\,MPa \Rightarrow v = 520 \frac{mm^2}{s}$$

$$\eta = 495 mPa \cdot s$$

gewählt ISO VG 68

Es wird aus dem Angebot der Fa. SCHELL (Shell Vitera 68) 1.8 Liter gewählt.

15. Literaturverzeichnis

Lehrbrief Konstruktion KON VI Teil 1
Lehrbrief Konstruktion KON VI Teil 2
Formelsammlung Konstruktion von Herrn Dipl.Ing. H. Gruber
Formelsammlung ME/Konstruktion
Lehrbrief Konstruktion ME X Teil 1
Lehrbrief Konstruktion ME X Teil 2
Böge Formelsammlung
Decker Formelsammlung
Decker Tabellen
Technikerhandbuch
DUBBEL Handbuch für den Maschinenbau
Roloff/Matek Maschinenelemente
EUROPA Tabellenbauch
FAG Wälzlagerkatalog

Pos.	Bauteil	Menge	Einheit	Bezeichnung
1	Maschinenschraube	4	St.	DIN EN ISO 4017 - M10 x 25 - 8.8
2	Maschinenschraube	4	St.	DIN EN ISO 4014 - M10 x 35 - 8.8
3	Elektromotor	1	St.	Flanschmotor DIN 42677 B5 Grösse 80
4	Zahnrad 65	1	St.	WN - ZR - 0001
5	Zahnrad 67	1	St.	WN - ZR - 0002
6	Zahnrad 19	1	St.	WN - ZR - 0003
7	Zwischenwelle	1	St.	WN - ZW - 0001
8	Abtriebswelle	1	St.	WN - AW - 0001
9	Gehäuse-Oberteil	1	St.	WN - GO - 0001
10	Gehäuse-Unterteil	1	St.	WN - GU - 0001
11	Wellendichtring	1	St.	WDR DIN 3760 - A25 x 40 x 7 - NB
12	Wellendichtring	1	St.	WDR DIN 3760 - A20 x 40 x 7 - NB
13	Passfeder	1	St.	DIN 6885 - A - 6 x 6 x 30
14	Passfeder	1	St.	DIN 6885 - A - 8 x 7 x14
15	Passfeder	1	St.	DIN 6885 - A - 6 x 6 x 14
16	Schmiermittel	0,5	ltr.	Schmieröl DIN 51502 C
17	Rillenkugellager	2	St.	FAG 6204.C3
18	Rillenkugellager	2	St.	FAG 6205.C3
19	Sicherungsring	2	St.	DIN 472 - 30 x 1,5
20	Sicherungsring	2	St.	DIN 472 - 25 x 1,2
21	Ölschauglas	1	St.	GN 542-NO-9-17-A
22	Öleinfüllschraube	1	St.	GN 749-G$^3/_8$-A
23	Ölablassschraube	1	St.	GN 749-G$^1/_8$-A
24	Flächendichtung	1	Fl.	Loctite 518
25	Schraubensicherung	1	Fl.	Loctite 222
26	Zylinderstift	3	St.	DIN EN ISO 2338 - 5 m6 x 22 - St.
27	Flache Scheibe mit Fase	8	St.	DIN EN ISO 7090 - 10 - 200 HV
28	Spritzlack	5	kg	181 Brilavit Maschinenlack, RAL 5000
29	Flache Scheibe mit Fase	12	St.	DIN EN ISO 7090 - 6 - 200 HV
30	Maschinenschraube	12	St.	DIN EN ISO 4017 - M6 x 20 - 8.8
31	Distanzhülse	1	St.	WN - DH - 0001
32	Zylinderschraube	4	St.	DIN EN ISO 4762 - M6 x 28 - 8.8
33	Zylinderschraube	4	St.	DIN EN ISO 4762 - M8 x 55 - 8.8
34	Zylinderschraube	4	St.	DIN EN ISO 4762 - M6 x 20 - 8.8
35	Zylinderschraube	4	St.	DIN EN ISO - M10 x 25 - 8.8
36	Scheibe	1	St.	WN - S - 0001
37	Lagerdeckel	2	St.	WN - LH - 0001
38	Flanschlagerdeckel 25	1	St.	WN - FLD - 25
39	Flanschlagerdeckel 20	1	St.	WN - FLD - 20

Universalgetriebe

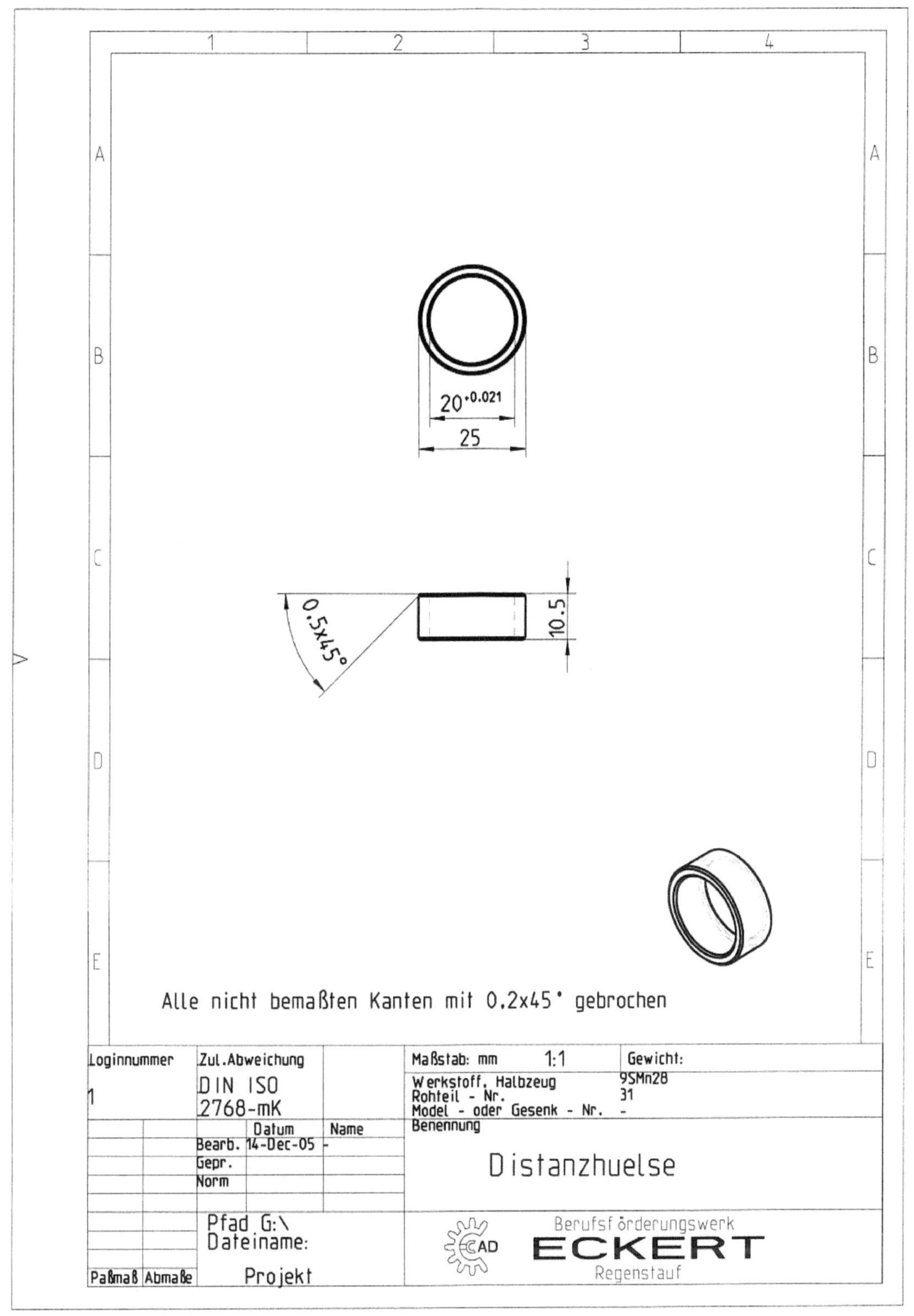

20 +0.021
25
0.5x45°
10.5
Alle nicht bemaßten Kanten mit 0.2x45° gebrochen
Loginnummer
Zul.Abweichung
DIN ISO
2768-mK
Datum
Name
Bearb. 14-Dec-05
Gepr.
Norm
Pfad G:\
Dateiname:
Paßmaß Abmaße
Projekt
Maßstab: mm   1:1
Gewicht:
Werkstoff, Halbzeug
Rohteil - Nr.
Model - oder Gesenk - Nr.
9SMn28
31
-
Benennung
Distanzhuelse
Berufsförderungswerk
ECKERT
Regenstauf
CAD

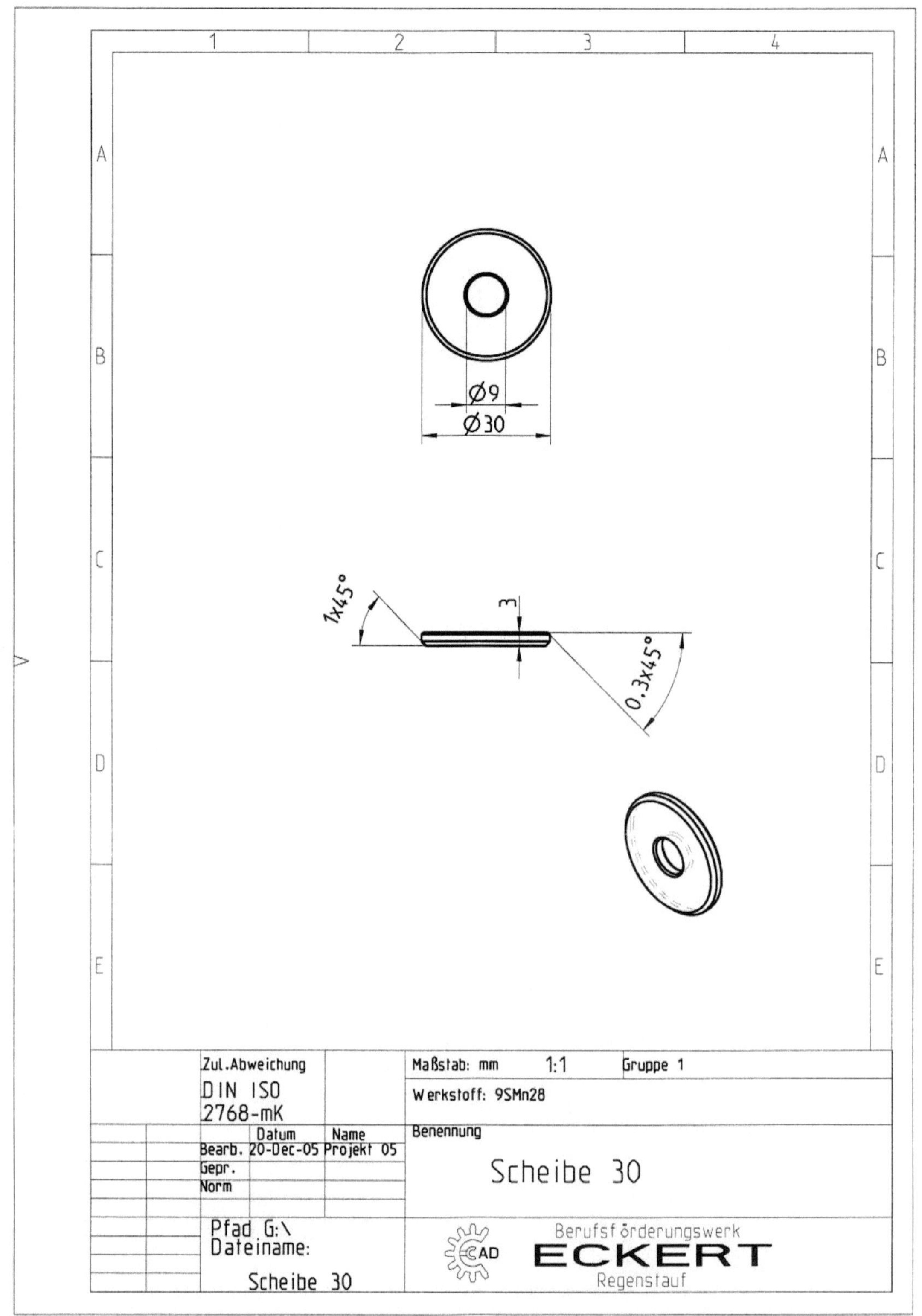

Ø9
Ø30
1x45°
3
0.3x45°

Zul.Abweichung
DIN ISO
2768-mK
Maßstab: mm   1:1   Gruppe 1
Werkstoff: 9SMn28
Datum   Name
Bearb. 20-Dec-05 Projekt 05
Gepr.
Norm
Benennung
Scheibe 30
Pfad G:\
Dateiname:
Scheibe 30
CAD
Berufsförderungswerk
ECKERT
Regenstauf

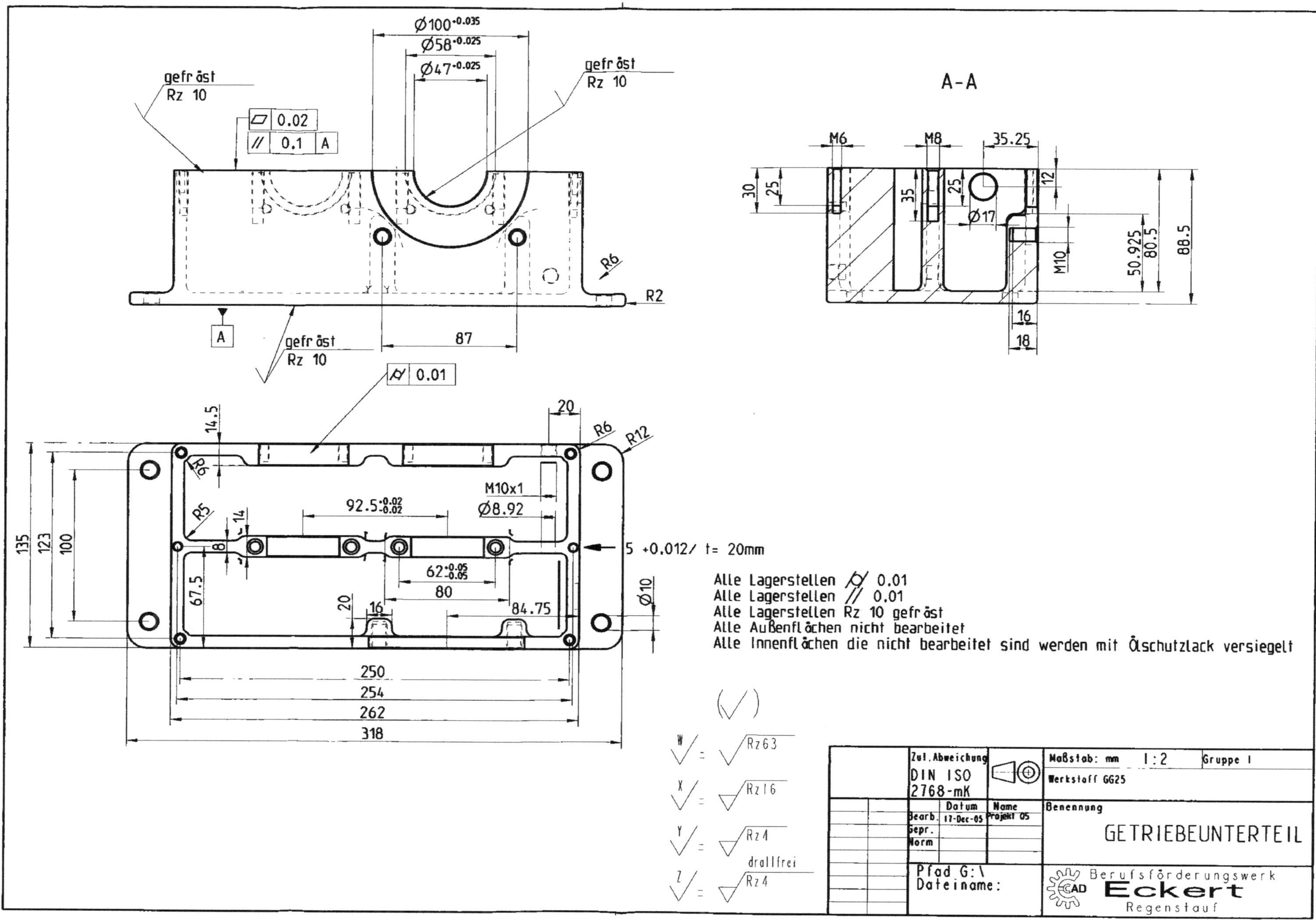

A-A
gefräst Rz 10
gefräst Rz 10
gefräst Rz 10
Ø100 -0.035
Ø58 -0.025
Ø47 -0.025
0.02
0.1 A
A
87
R6
R2
0.01
M6
M8
35.25
30
25
35
25
Ø17
M10
12
16
18
50.925
80.5
88.5
14.5
20
R6
R12
R6
R5
14
8
M10x1
Ø8.92
92.5 -0.02
62 +0.05 -0.05
80
20
16
84.75
Ø10
135
123
100
67.5
250
254
262
318
5 +0.012/ t= 20mm
Alle Lagerstellen 0.01
Alle Lagerstellen 0.01
Alle Lagerstellen Rz 10 gefräst
Alle Außenflächen nicht bearbeitet
Alle Innenflächen die nicht bearbeitet sind werden mit Ölschutzlack versiegelt
W = Rz63
X = Rz16
Y = Rz4
Z = Rz4 drallfrei
Zul.Abweichung
DIN ISO
2768-mK
Maßstab: mm 1:2
Gruppe 1
Werkstoff GG25
Datum Name
Bearb. 17-Dec-05 Projekt 05
Gepr.
Norm
Benennung
GETRIEBEUNTERTEIL
Pfad G:\
Dateiname:
Berufsförderungswerk
Eckert
Regenstauf
CAD
Niedermeier A3-IHK f/m

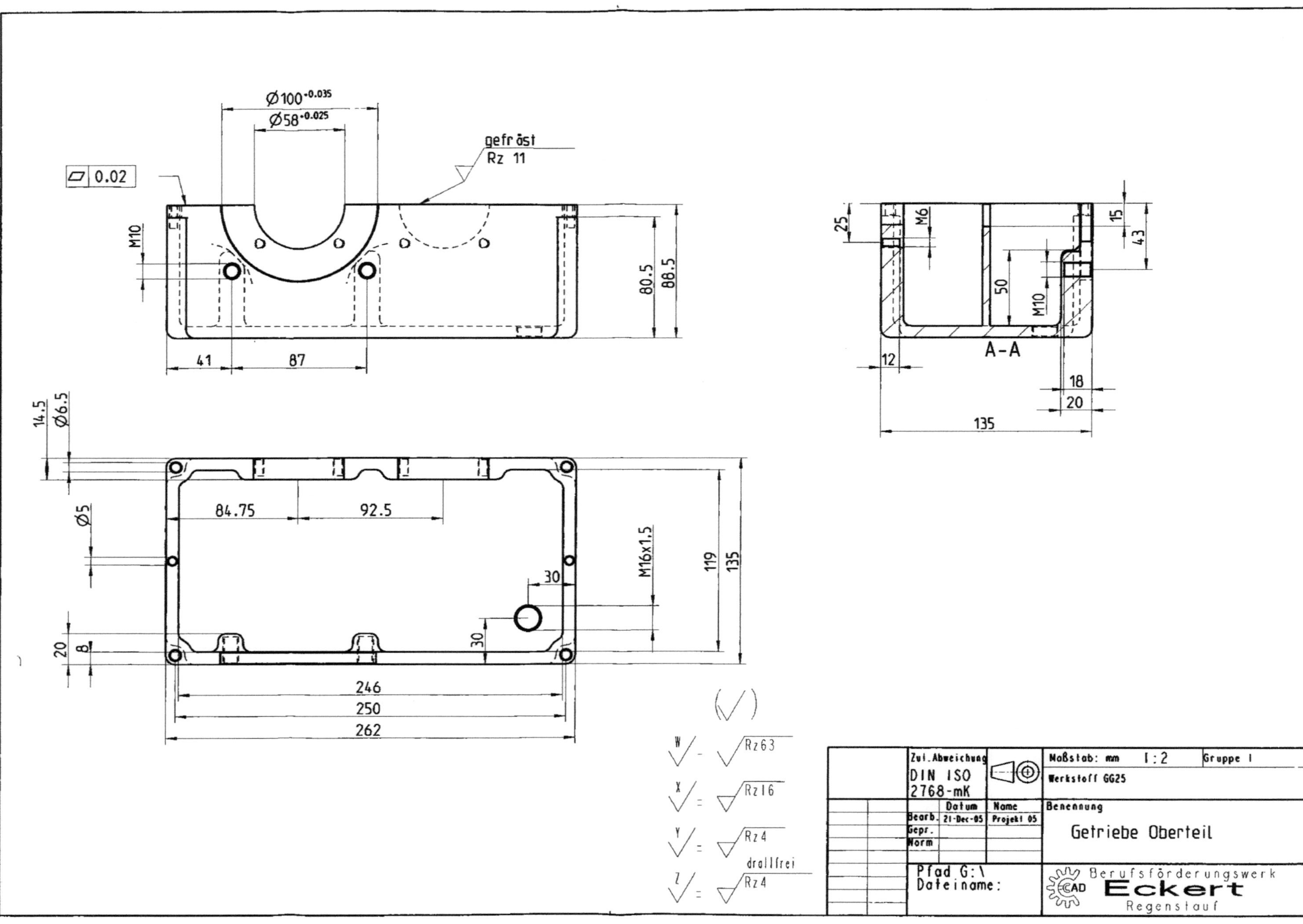

Ø100 +0.035
Ø58 +0.025
gefräst
Rz 11
0.02
M10
80.5
86.5
41
87
14.5
Ø6.5
Ø5
84.75
92.5
M16x1,5
119
135
30
30
20
8
246
250
262
25
M6
A-A
12
50
M10
15
4.3
18
20
135
W - Rz 63
X = Rz 16
Y = Rz 4
drallfrei
Z = Rz 4
Zul. Abweichung
DIN ISO
2768-mK
Maßstab: mm 1:2 Gruppe 1
Werkstoff GG25
Datum Name Benennung
Bearb. 21-Dec-05 Projekt 05
Gepr.
Norm
Getriebe Oberteil
Pfad G:\
Dateiname:
CAD Berufsförderungswerk
Eckert
Regenstauf
Niedermeier A3-IHK fin

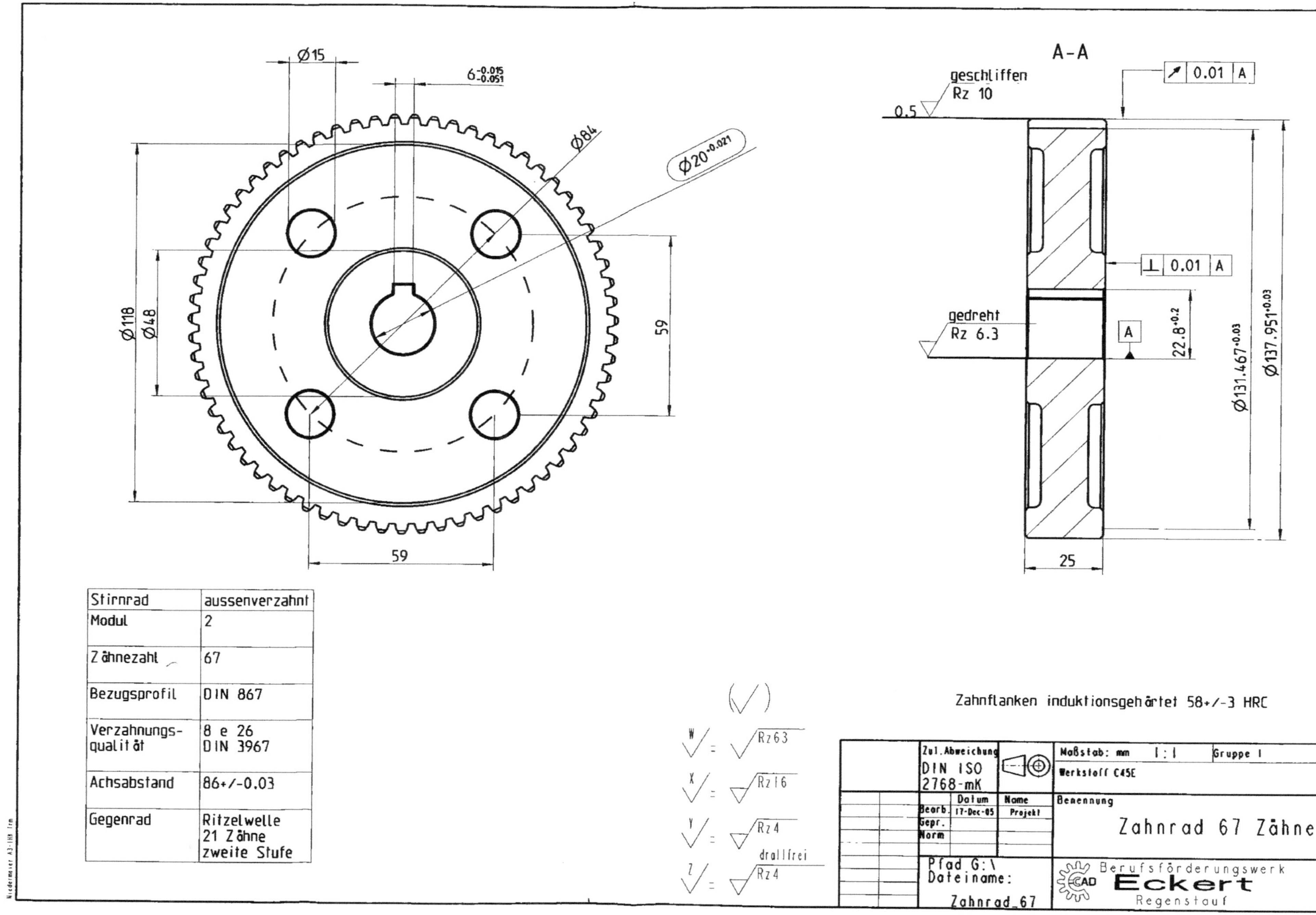

Ø15
6-0.015/-0.051
Ø84
Ø20-0.021
Ø118
Ø48
59
59
A–A
geschliffen Rz 10
0,5
0.01 A
gedreht Rz 6.3
A
22.8+0.2
Ø131.467+0.03
Ø137.951+0.03
0.01 A
25
Zahnflanken induktionsgehärtet 58+/-3 HRC
W = Rz63
X = Rz16
Y = Rz4
Z = Rz4 drallfrei
Stirnrad | aussenverzahnt
Modul | 2
Zähnezahl | 67
Bezugsprofil | DIN 867
Verzahnungsqualität | 8 e 26 DIN 3967
Achsabstand | 86+/-0,03
Gegenrad | Ritzelwelle 21 Zähne zweite Stufe
Zul.Abweichung
DIN ISO 2768-mK
Maßstab: mm 1:1 Gruppe 1
Werkstoff C45E
Datum 17-Dec-05
Name
Bearb.
Gepr.
Norm
Projekt
Benennung
Zahnrad 67 Zähne
Pfad G:\
Dateiname:
Zahnrad_67
Berufsförderungswerk
Eckert
Regenstauf
CAD
Niedermeier A3-IHR firm

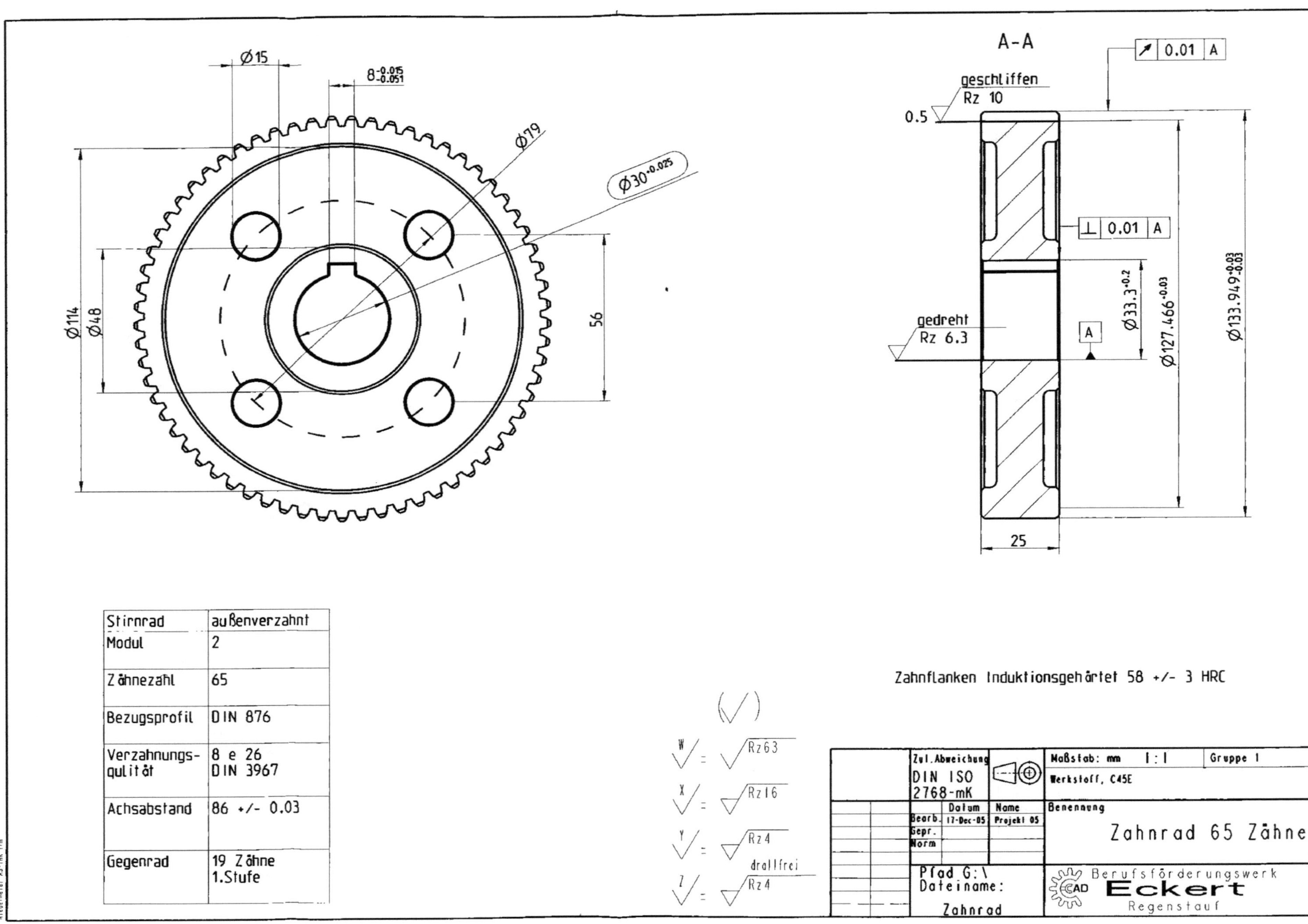

Ø15
8 -0.015 -0.051
Ø79
Ø30 +0.025
Ø114
Ø48
56
A-A
geschliffen
Rz 10
0.5
0.01 A
0.01 A
Ø33.3 +0.2
Ø127.466 -0.03
Ø133.949 +0.03 -0.03
gedreht
Rz 6.3
A
25
Zahnflanken Induktionsgehärtet 58 +/- 3 HRC
Stirnrad | außenverzahnt
Modul | 2
Zähnezahl | 65
Bezugsprofil | DIN 876
Verzahnungsqulität | 8 e 26 DIN 3967
Achsabstand | 86 +/- 0.03
Gegenrad | 19 Zähne 1.Stufe
W = Rz63
X = Rz16
Y = Rz4 drallfrei
/ = Rz4
Zul.Abweichung | Maßstab: mm 1:1 | Gruppe 1
DIN ISO 2768-mK | Werkstoff, C45E
Benennung
Datum | Name
Bearb. 17-Dec-05 | Projekt 05
Gepr.
Norm
Zahnrad 65 Zähne
Pfad G:\
Dateiname: Zahnrad
Berufsförderungswerk Eckert Regenstauf
Niedermeier A3-IHK fin

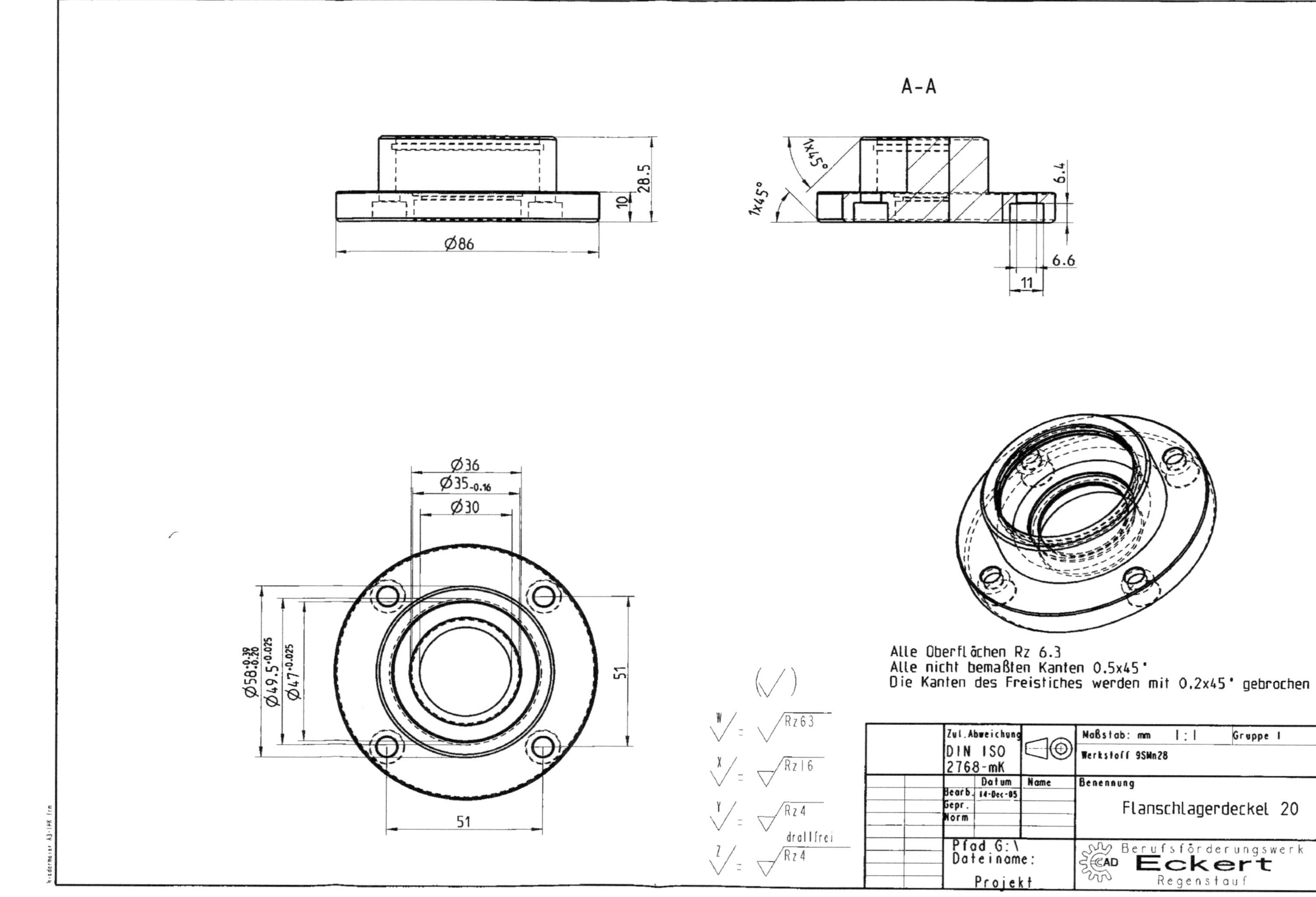

A-A
28.5
10
Ø86
1x45°
1x45°
6.4
6.6
11
Ø36
Ø35 -0.16
Ø30
Ø58 +0.30 -0.20
Ø49.5 -0.025
Ø47 -0.025
51
51
Alle Oberflächen Rz 6.3
Alle nicht bemaßten Kanten 0.5x45°
Die Kanten des Freistiches werden mit 0.2x45° gebrochen
W = Rz63
X = Rz16
Y = Rz4
Z = Rz4 drallfrei
Zul. Abweichung
DIN ISO 2768-mK
Maßstab: mm   1:1   Gruppe I
Werkstoff 9SMn28
Datum   Name
Bearb. 14-Dec-05
Gepr.
Norm
Benennung
Flanschlagerdeckel 20
Pfad G:\
Dateiname:
Projekt
Berufsförderungswerk
Eckert
Regenstauf
CAD

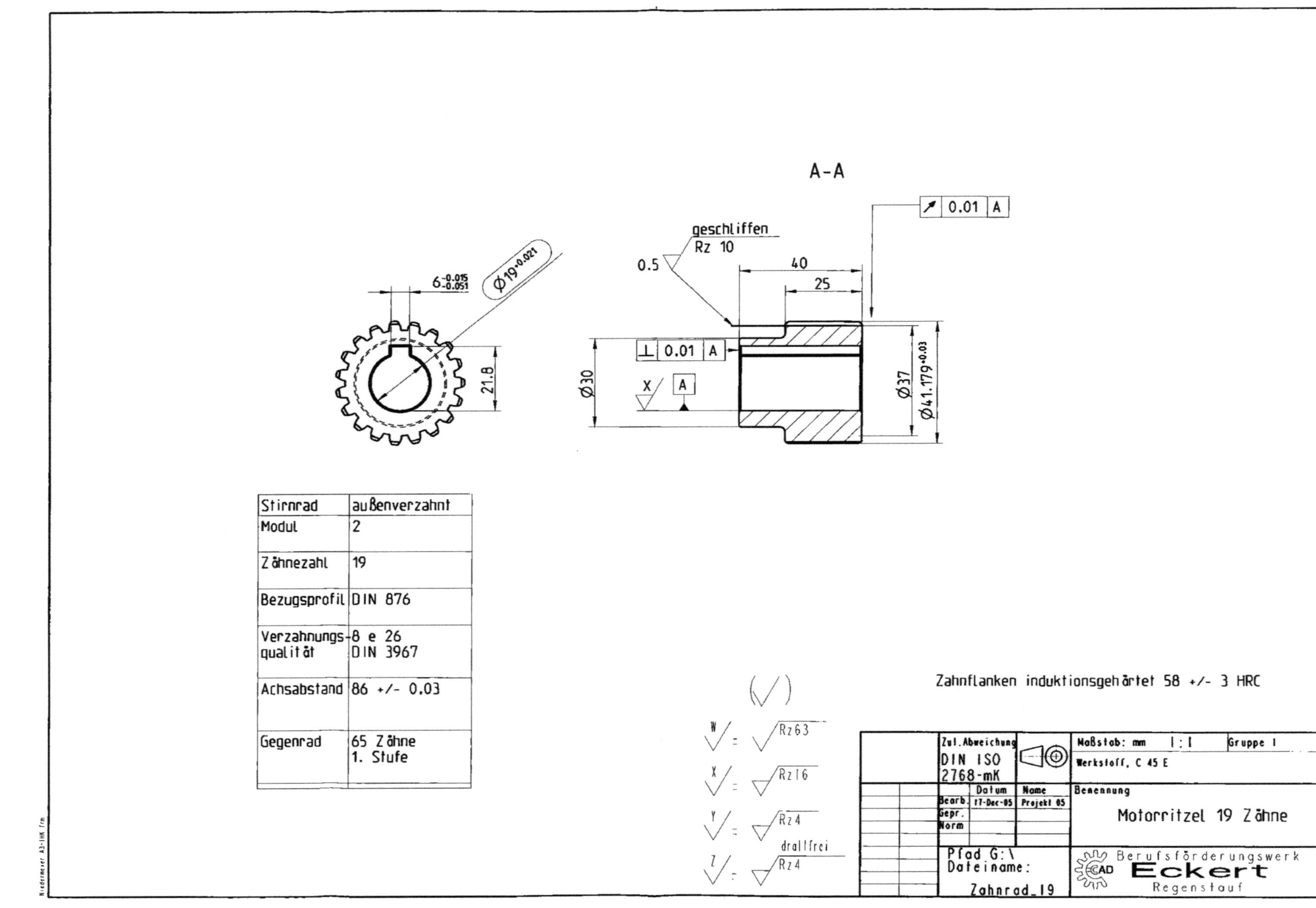

Stirnrad	außenverzahnt
Modul	2
Zähnezahl	19
Bezugsprofil	DIN 876
Verzahnungs-qualität	8 e 26 DIN 3967
Achsabstand	86 +/- 0.03
Gegenrad	65 Zähne 1. Stufe

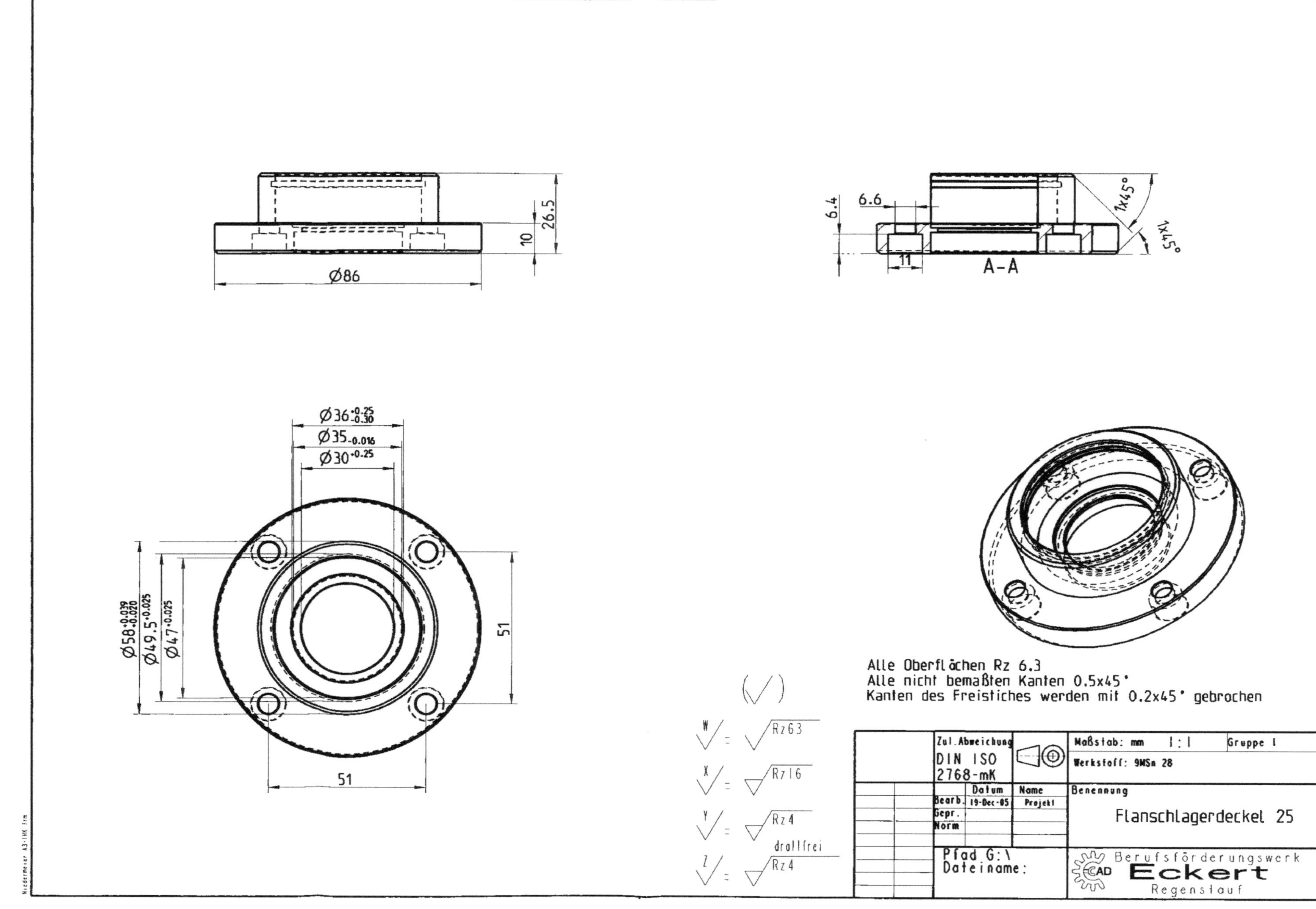

26.5
10
Ø86
6.4
6.6
11
A-A
1x45°
1x45°
Ø36 +0.25 -0.30
Ø35 -0.016
Ø30 +0.25
Ø58 +0.039 +0.020
Ø49.5 +0.025
Ø47 +0.025
51
51
Alle Oberflächen Rz 6.3
Alle nicht bemaßten Kanten 0.5x45°
Kanten des Freistiches werden mit 0.2x45° gebrochen
W = Rz63
X = Rz16
Y = Rz4
drallfrei
L = Rz4
Zul. Abweichung
DIN ISO 2768-mK
Maßstab: mm   1:1   Gruppe 1
Werkstoff: 9MSn 28
Datum   Name   Benennung
Bearb. 19-Dec-05
Gepr.   Projekt
Norm
Flanschlagerdeckel 25
Pfad G:\
Dateiname:
CAD   Berufsförderungswerk
Eckert
Regenstauf
Niedermeier A3-IHK.frm

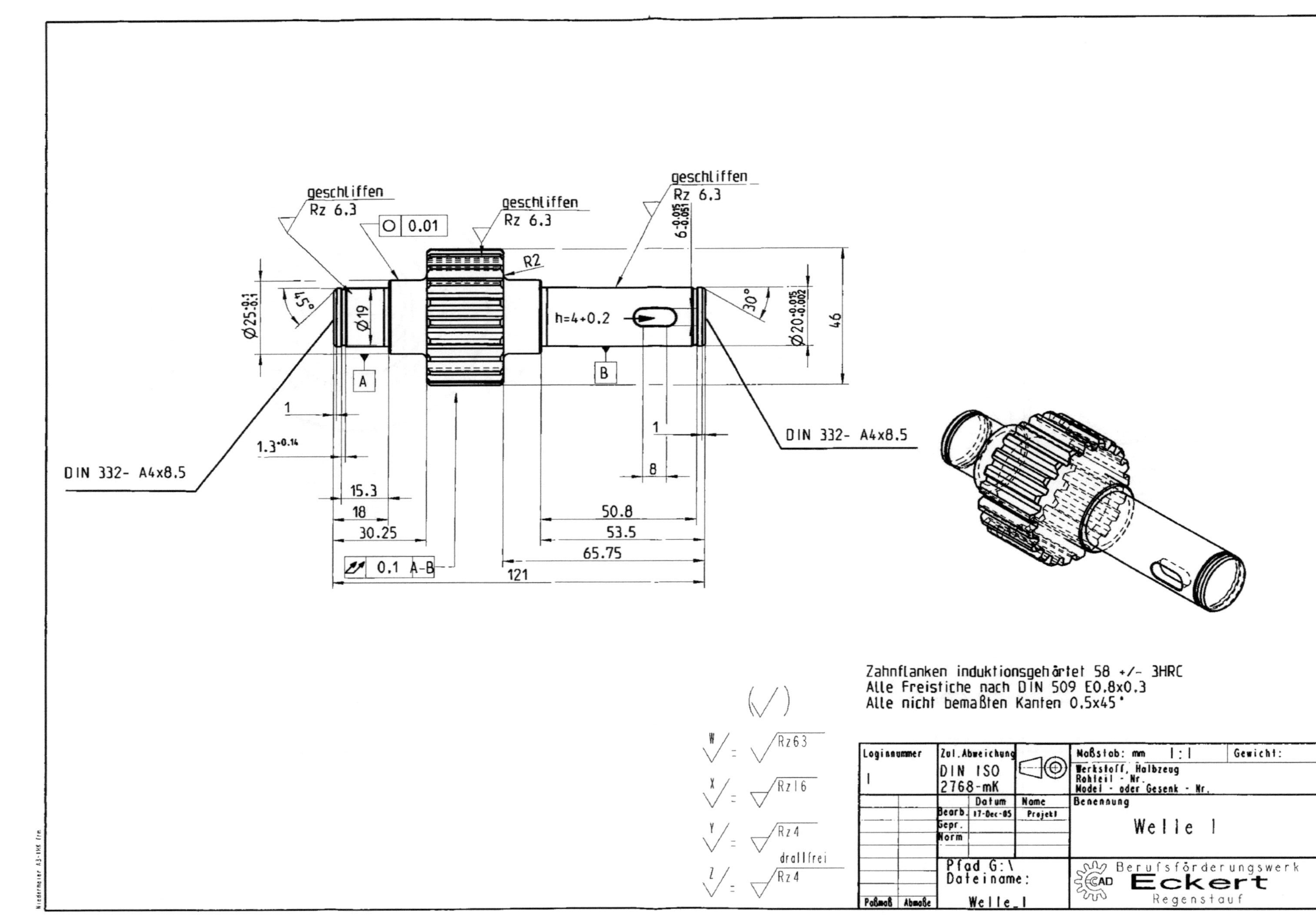

geschliffen
Rz 6.3
0.01
geschliffen
Rz 6.3
R2
geschliffen
Rz 6.3
6-0.015
6-0.051
Ø25-0.1
45°
Ø19
A
h=4+0.2
B
30°
Ø20+0.015
Ø20+0.002
46
DIN 332- A4x8.5
1
1.3+0.14
DIN 332- A4x8.5
1
8
15.3
18
30.25
50.8
53.5
65.75
0.1 A-B
121
Zahnflanken induktionsgehärtet 58 +/- 3HRC
Alle Freistiche nach DIN 509 E0.8x0.3
Alle nicht bemaßten Kanten 0.5x45°
W = Rz63
X = Rz16
Y = Rz4
drallfrei
Z = Rz4
Loginnummer
Zul. Abweichung
DIN ISO
2768-mK
Maßstab: mm 1:1
Gewicht:
Werkstoff, Halbzeug
Rohteil - Nr.
Model - oder Gesenk - Nr.
Datum
Name
Benennung
Bearb. 17-Dec-05
Projekt
Gepr.
Norm
Welle 1
Pfad: G:\
Dateiname:
Welle_1
Paßmaß
Abmaße
Berufsförderungswerk
CAD
Eckert
Regenstauf
Niedermeier A3-IKK fin

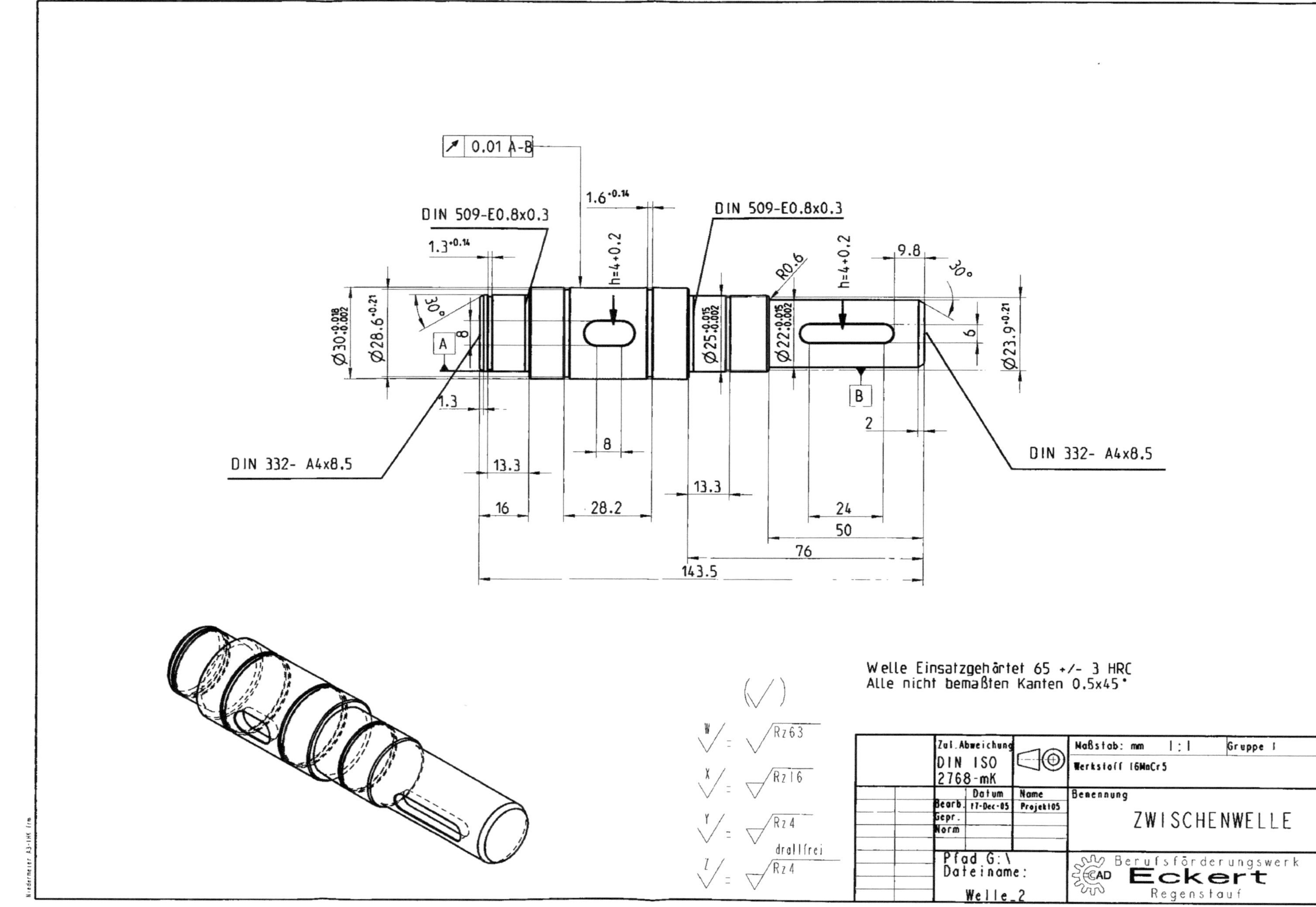

0.01 A-B
1.6 +0.14
DIN 509-E0.8x0.3
DIN 509-E0.8x0.3
1.3 +0.14
h=4+0.2
R0.6
h=4+0.2
9.8
30°
30°
Ø30 +0.018 +0.002
Ø28.6 +0.21
A
8
Ø25 +0.015 +0.002
Ø22 +0.015 +0.002
6
Ø23.9 +0.21
B
1.3
8
2
DIN 332- A4x8.5
DIN 332- A4x8.5
13.3
16
28.2
13.3
24
50
76
143.5
Welle Einsatzgehärtet 65 +/- 3 HRC
Alle nicht bemaßten Kanten 0.5x45°
W = Rz63
X = Rz16
Y = Rz4
drallfrei
l = Rz4
Zul.Abweichung
DIN ISO 2768-mK
Maßstab: mm 1:1 Gruppe 1
Werkstoff 16MnCr5
Datum Name
Bearb. 17-Dec-05 Projekt05
Gepr.
Norm
Benennung
ZWISCHENWELLE
Pfad G:\
Dateiname:
Welle_2
Berufsförderungswerk
Eckert
Regenstauf
CAD

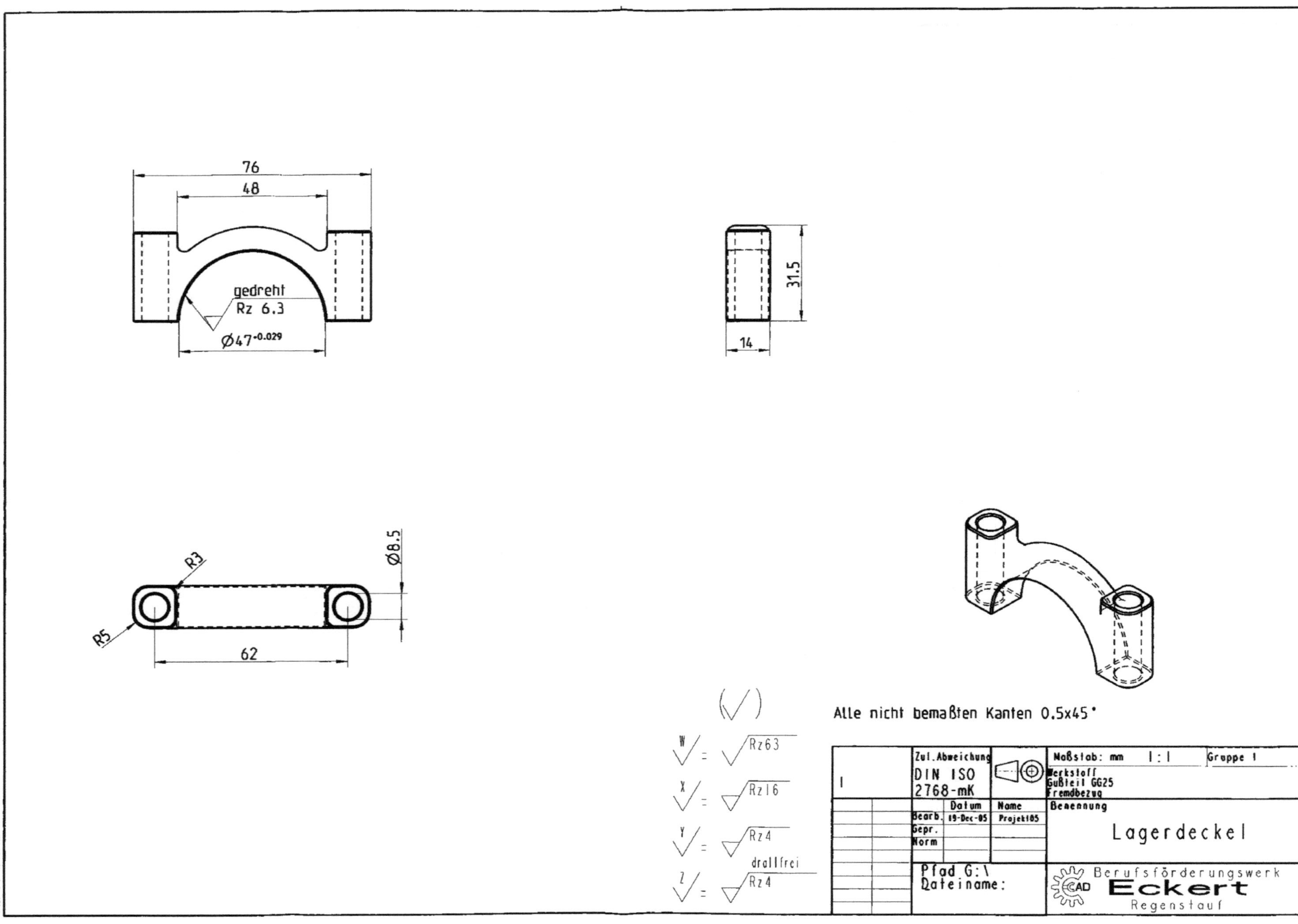

76
48
gedreht
Rz 6.3
Ø47⁻⁰·⁰²⁹
31.5
14
R3
R5
Ø8.5
62
Alle nicht bemaßten Kanten 0.5x45°
W = Rz63
X = Rz16
Y = Rz4
Z = drallfrei Rz4
Zul.Abweichung
DIN ISO 2768-mK
Maßstab: mm   1:1   Gruppe 1
Werkstoff
Gußteil GG25
Fremdbezug
Datum   Name   Benennung
Bearb. 19-Dec-05 Projekt05
Gepr.
Norm
Lagerdeckel
Pfad G:\
Dateiname:
Berufsförderungswerk
CAD Eckert
Regenstauf
Niedermeier A3-IHK fm

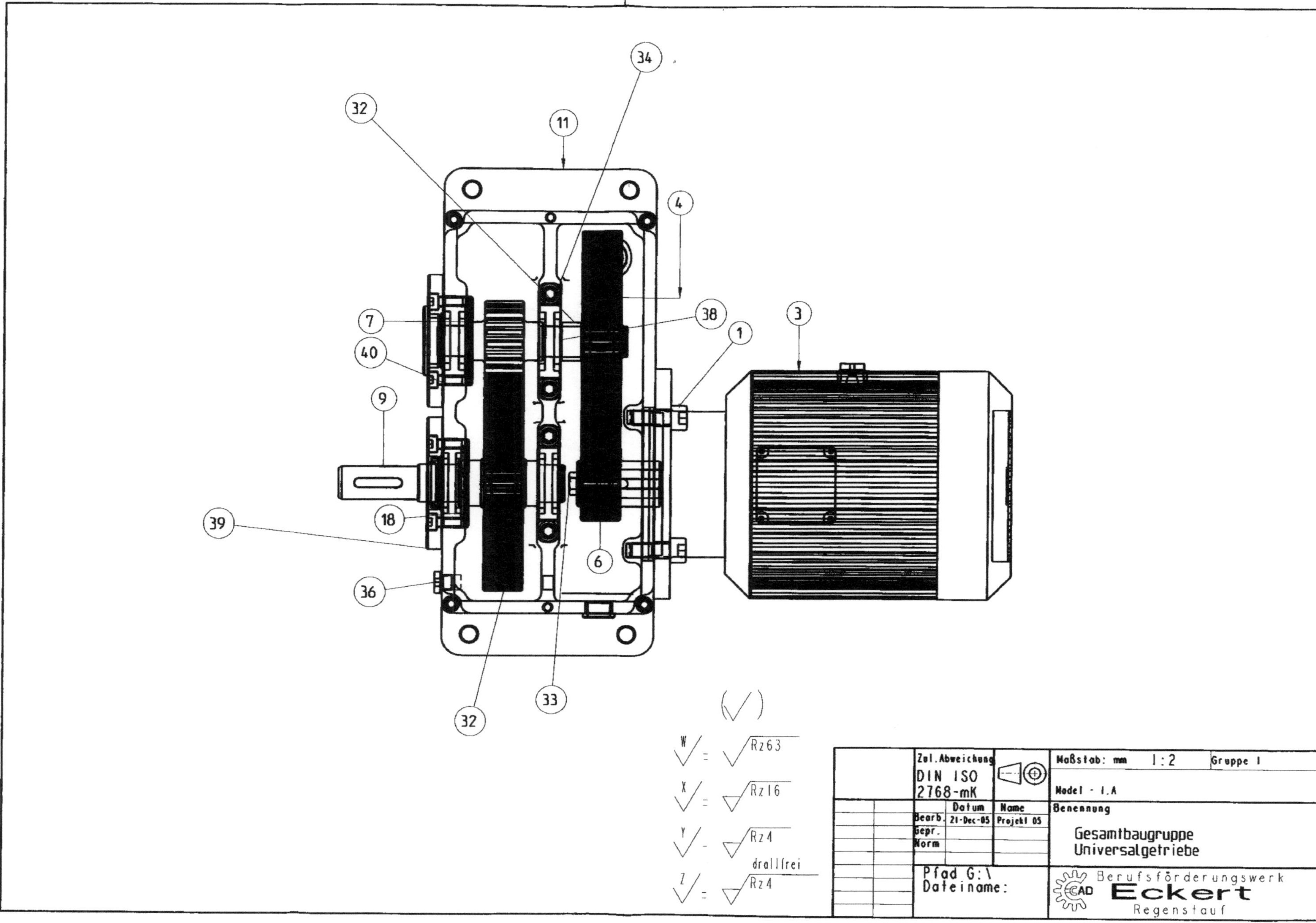

34
32
11
4
7
38
1
3
40
9
39
18
36
6
33
32
W = Rz63
X = Rz16
Y - Rz4
drallfrei
Z = Rz4
Zul.Abweichung
DIN ISO
2768-mK
Model - 1.A
Maßstab: mm   1:2   Gruppe 1
Datum   Name
Bearb. 21-Dec-05   Projekt 05
Gepr.
Norm
Benennung
Gesamtbaugruppe
Universalgetriebe
Pfad G:\
Dateiname:
Berufsförderungswerk
CAD
Eckert
Regenstauf
Niedermeier A3-IHK.frm